I0874826

L E S Deutschland
Schriftenreihe
Hrsg. (Editor): Dieter Pfaff

Lizenzverträge im Technologietransfer nach sowjetischem Recht

Von

Roland Kehrwald

R. Oldenbourg Verlag München Wien

CIP-Titelaufnahme der Deutschen Bibliothek

Kehrwald, Roland:
Lizenzverträge im Technologietransfer nach sowjetischem Recht / von Roland Kehrwald. - München ; Wien : Oldenbourg, 1989
(LES Deutschland)
ISBN 3-486-21466-7

© 1989 R. Oldenbourg Verlag GmbH, München

Das Werk einschließlich aller Abbildungen ist urheberrechtlich geschützt. Jede Verwertung außerhalb der Grenzen des Urheberrechtsgesetzes ist ohne Zustimmung des Verlages unzulässig und strafbar. Das gilt insbesondere für Vervielfältigungen, Übersetzungen, Mikroverfilmungen und die Einspeicherung und Bearbeitung in elektronischen Systemen.

Gesamtherstellung: WB-Druck, Rieden

ISBN 3-486-21466-7

Inhaltsverzeichnis

Inhaltsverzeichnis I
Abkürzungen VIII
Literatur XV

1. Abschnitt: Allgemeine Grundlagen. 1

A. Untersuchungsgegenstand der Arbeit 1
I. Einleitung, Ziel der Arbeit 1
II. Themenabgrenzung und Strukturierung der Arbeit. 2
1. Anwendungsbereich von Lizenzverträgen im sowjetischen Recht. 2
2. Lizenzähnliche Verträge. 3
3. Lizenzverträge im Spannungsfeld sozialistischer und kapitalistischer Rechtsordnungen. 5
4. Die Bedeutung der einzelnen Rechtsbereiche für den Aufbau der Arbeit . . 6

B. Methodische Fragen 7

C. Der theoretische Hintergrund der Erfassung von wissenschaftlich-technischen und künstlerischen Ideen im sowjetischen Recht. 8
I. Bedeutung und Eigenschaften von Wissen im Marxismus-Leninismus. 9
II. Die sowjetische Deutung der rechtlichen Erfassung des Wissens im kapitalistischen Rechtssystem. 9
III. Die sowjetische Kritik an der kapitalistischen Regelung und die sozialistische Regelung. 11

D. Die Quellen des sowjetischen Rechts. 12
I. Normativakte als einzige allgemein anerkannte Rechtsquelle 13
II. Gerichtsurteile, Schiedsgerichtssprüche und Rechtswissenschaft. 13
III. Handelsbräuche 15
IV. Die Rolle von Musterverträgen und Vertragsmustern 16

E. Lizenzverträge im System des sowjetischen Zivilrechts, Klassifizierungselemente 16
I. Lizenzverträge als Zivilrechtsverhältnisse 16
II. Lizenzverträge und die Typenverträge der Zivilgesetzbücher 17

F. Lizenzverträge in der Praxis 18
I. Lizenzverträge und lizenzähnliche Verträge in der Wirtschaft 18
II. Gerichts- und Schiedsgerichtspraxis . . . 21
1. Lizenzverträge 21
2. Lizenzähnliche Verträge 21
3. Folgen 22

2. Abschnitt: Grundlagen der Nutzung von Erfindungen 23

A. Das Erfinderrecht als Grundlage des Lizenzvertrags 23
I. Rechtsgrundlagen 23
II. Urheberschein und Patent: das zweispurige System des sowjetischen Erfinderrechts . 24
1. Der Erfindungsbegriff und seine Abgrenzung zum Rationalisierungsvorschlag und zur Entdeckung 24
2. Der Urheberschein 25
3. Das Patent 27
4. Das Wahlrecht zwischen Urheberschein und Patent 29
5. Gründe und Hintergründe für die dargelegte Ausgestaltung des sowjetischen Erfinderrechts 31
a) Auf internationaler Ebene . . . 32
b) Auf nationaler Ebene 33
6. Folgen für den Anwendungsbereich der Lizenzverträge im Erfinderrecht . . 35

B. Das Recht der gewerblichen Muster als Grundlage des Lizenzvertrags 37

C. Das Warenzeichenrecht als Grundlage des Lizenzvertrags 38

D. Die sowjetische Regelung der Erzeugung und Verbreitung von wissenschaftlich-technischem Wissen 40
I. Die Träger der Erzeugung, Verbreitung und Planung wissenschaftlich-technischen Wissens in der Sowjetunion 41
1. Das Staatskomitee für Wissenschaft und Technik 41
2. Das Komitee für Erfindungen und Entdeckungen beim Staatskomitee für Wissenschaft und Technik 42
a) das wissenschaftliche Allunionsforschungsinstitut der staatlichen Patentprüfung 44

b) die wissenschaftliche Produktionsvereinigung "Poisk" 44
c) die Allunionsbibliothek für Patente und Technik 45
d) das Allunionszentrum für Patentdienste 46
e) weitere Einrichtungen 46
3. Gosplan 47
4. Die Akademie der Wissenschaften der UdSSR 47
5. Die Handels- und Industriekammer der UdSSR 48
6. Weitere Einrichtungen . . . 49
II. Sowjetische Organisation des Erwerbs von Schutzrechten im Ausland und der Vergabe von Schutzrechten an ausländische Antragsteller in der Sowjetunion 50
1. Die Patentierung sowjetischer Erfindungen im Ausland 50
a) Die Praxis 50
b) Das Verfahren 51
2. Die Patentierung ausländischer Erfindungen in der Sowjetunion 53
3. Die Regelung für gewerbliche Muster und Warenzeichen 54
III. Die Regelungen zur Erzeugung und Weitergabe wissenschaftlich-technischen Wissens, insbesondere die vertragliche Forschung und Wissensweitergabe 55
1. Überblick, Probleme 55
2. Die Verträge im Bereich von Forschung, Entwicklung und Information 56
3. Der Vertrag zur Übergabe wissenschaftlich-technischer Errungenschaften von 1971 58
IV. Das Verhältnis Lizenzvertrag - Übergabevertrag von 1971 60
V. Die Reformdiskussion vor 1973 um die Einführung eines sozialistischen Patents und eines sozialistischen Lizenzvertrags innerhalb der Sowjetunion 65
VI. Neueste rechtspolitische Vorschläge und Regelung zur Reform der Nutzung von Erfindungen und sonstigem technischem Wissen innerhalb der Sowjetunion 68

3. Abschnitt: Lizenzverträge im sowjetischen Recht 72

A. Der Lizenzvertrag und die anwendbaren rechtlichen Regelungen 72

I. Internationale Vereinbarungen 72
II. Das nationale sowjetische Recht 73
1. Die Klassifizierung des Lizenzvertrags als Außenhandelsgeschäft 73
2. Die sowjetische Gesetzgebungssystematik bezüglich der Außenhandelsgeschäfte 74
3. Überblick über wichtige Regelungen der Außenhandelsverträge mit Relevanz für den Lizenzvertrag 75
III. Das Problem der Lückenfüllung im sowjetischen Recht 77

B. Besonderheiten des Lizenzverkehrs zwischen RGW-Ländern 78
I. Die Sofioter Beschlüsse 78
1. Der Inhalt 78
2. Probleme mit Bezug zum Lizenzvertrag 80
a) Die Unentgeltlichkeit und der Warencharakter von Wissen im internationalen Bereich 80
b) Die Möglichkeit für sozialistische Anmelder, Patente zu erwerben . 81
II. Die weitere Entwicklung zum Lizenzvertrag zwischen sozialistischen Partnern 82
1. Die Wirtschaftsprogramme 83
2. Das Abkommen über die Grundlagen der wissenschaftlich-technischen Zusammenarbeit von 1972 84
3. Die Musterregelungen des RGW im Bereich der neuen Technologie, insbesondere die Lizenzvertragsmuster . . 85
4. Das Abkommen über die Grundlagen der wissenschaftlich-technischen Zusammenarbeit in der neuen Fassung 86
5. Regelungen im Bereich des Warenverkehrs und ihre Anwendbarkeit auf Lizenzverträge 87
6. Regelungen zur Streitbeilegung . . . 89
III. Das Verhältnis der Lizenzverträge mit sozialistischen Parteien zu Lizenzverträgen mit kapitalistischer Beteiligung und zur innersowjetischen Regelung 90

C. Die Arten der Lizenzverträge im sowjetischen Recht 92
I. Abgrenzung der Abtretung des Patents von der "vollen" Lizenz 92
II. Verschiedene Klassifizierungen 93

D. Vertragsparteien und andere Beteiligte 94
I. Die Organisation des sowjetischen Außenhandels im Lizenzbereich und die sich daraus ergebenden Probleme 94

1. Allgemeine Regelung, Entwicklung und Probleme 94
2. Die Außenhandelssubjekte im Bereich des Technologietransfers 97
a) Licenzintorg 97
b) Vneštechnika 97
c) Die Außenhandelsfirmen der sowjetischen Unternehmen . . . 98
d) Gemeinschaftsunternehmen . . . 99
e) Sonstige Außenhandelssubjekte . 102
II. Die sowjetische Seite als Lizenzgeber . . 102
1. Vorbereitung des Lizenzverkaufs ins Ausland 102
2. Der sowjetische Vertragspartner . . 103
III. Die sowjetische Seite als Lizenznehmer . 107
1. Vorbereitung des Lizenzkaufs 107
2. Der sowjetische Vertragspartner . . 107

E. Begriff und Gegenstand des Lizenzvertrags . . 109
I. Patentlizenzvertrag 109
II. Know-how-Vertrag 110

F. Lizenzen als absolute oder relative Rechte . . 112
I. Theoretische Grundfragen 112
II. Einfache und ausschließliche Lizenz als relatives Recht 114

G. Die Rechtsnatur des Lizenzvertrags 116

H. Allgemeine Grundlagen für den Inhalt und die Rechtslage von Lizenzverträgen 118
I. Die Vertragsauslegung 119
II. Die Einteilung der Vertragsklauseln . . . 121

J. Allgemeine Rechtsfragen des Vertragsrechts . . 122
I. Rechtsfragen beim Abschluß des Vertrags . 122
1. Verhandlungen und Vorvertrag 122
2. Vertragsschluß 125
3. Genehmigungs- und Formerfordernis, Inkrafttreten 125
4. Unwirksamkeitsgründe 127
5. Übliche Regelungen zum Inkrafttreten 128
II. Erfüllung des Lizenzvertrags 129
III. Haftung bei Verletzung des Vertrags durch Nichterfüllung und auf sonstige Weise . . 130
1. Haftungsvoraussetzungen 131
a) Rechtswidrigkeit 131
b) Verschulden 131
c) Schaden 132
d) Kausalität 135
2. Einzelne Tatbestände der Haftung . . 135
a) Haftung für Dritte 135
b) Schuldnerverzug und Gläubigerverzug 135

3. Grundlagen für die Befreiung von der Haftung 136
a) Unmöglichkeit infolge höherer Gewalt 137
b) Unmöglichkeit und die Änderung der wirtschaftlichen Rahmenbedingungen 139
c) Zufällige Unmöglichkeit 140
d) Rechtliche Unmöglichkeit, sonstige Fälle 140
4. Rechtsfolgen, Möglichkeit der Haftungsbeschränkung 141
IV. Beendigung des Vertragsverhältnisses . . 143
1. Rechtliche Grundlagen 143
2. Übliche Regelungen 144

K. Pflichten des Lizenzgebers 147
I. Verschaffung der rechtlichen und tatsächlichen Nutzungsposition 147
1. Territoriale und zeitliche Beschränkungen 147
2. Inhaltliche Ausgestaltung 149
3. Unterlizenzen 152
4. Technische Dokumentation und Hilfe . 153
II. Garantien 155
1. Zur Einräumung und Qualität der Nutzungsrechte 156
2. Zur technischen Dokumentation . . . 158
3. Haftungsbeschränkungen 158

L. Pflichten des Lizenznehmers 159
I. Zahlung und Produktionsaufnahme 159
1. Arten der Zahlung 159
2. Abwicklung der Zahlung 162
3. Produktionsaufnahme 164
II. Geheimhaltung 164

M. Patentrechtliche Fragen und vertragliche Regelungen für Konflikte mit Dritten 168
I. Gesetzliche Lage und vertragliche Regelungen vor Patenterteilung 168
II. Regelungen zum Bestand des Patents . . . 169
III. Regelungen zur "Patentreinheit" 171
IV. Regelungen für Konflikte mit Dritten . . 172
1. Patentverletzung durch Dritte . . . 173
2. Angriffe eines Dritten gegen Patente des Lizenzvertrags 176
3. Angriffe Dritter gegen den Lizenznehmer wegen Verletzung fremder Patente . . 176

N. Weitere Fragen 178
I. Austausch von Verbesserungen 178
II. Werbung 179
III. Zwangslizenzen 181

O. Regelungen für Streitfälle 182
I. Schiedsgerichtsklauseln 182
1. Zuständigkeit eines ständigen Schiedsgerichts 183
2. Zuständigkeit eines Gelegenheitsschiedsgerichts 185
II. Rechtswahlklausel, Fragen des sowjetischen internationalen Privatrechts 188

Zusammenfassung 194

Anhang: Entwurf des Gesetzes der UdSSR über die Erfindertätigkeit in der UdSSR 196

Stichwortverzeichnis 204

Abkürzungen

a.a.O.	am angegebenen Ort
Abs.	Absatz
Abschn.	Abschnitt
ABSK/RGW	Allgemeine Bedingungen für die Spezialisierung und Kooperation der Produktion zwischen den Organisationen der Mitgliedsländer des RGW
AH	Außenhandel (Deutsche Ausgabe von Vnešnjaja Torgovlja, die aber nicht alle Beiträge der russischen Ausgabe enthält)
ALB/RGW	Allgemeine Lieferbedingungen für die Warenlieferungen zwischen den Organisationen der RGW-Mitgliedsländer
AMB/RGW	Allgemeine Bedingungen für Montage und Durchführung anderer technischer Hilfe im Zusammenhang mit den Lieferungen von Maschinen und Ausrüstungen zwischen den Organisationen der Mitgliedsländer des RGW
AP	Arbitražnaja praktika
Art.	Artikel
Aufl.	Auflage
avtoref.	avtoreferat (Autoreferat)
AWD	Außenwirtschaftsdienst des Betriebsberaters
BB	Betriebsberater
Bd.	Band
BGB	Bürgerliches Gesetzbuch

Bjul. NAM SSSR	Bjulleten' normativnych aktov ministerstv i vedomstv SSSR (Bulletin der Normativakte der Ministerien und Behörden der UdSSR)
Bjul. Verch. Suda SSSR	Bjulleten' Verchovnogo Suda SSSR (Bulletin des Obersten Gerichts der UdSSR)
chozrascet	chozjajstvennyj rasčet (wirtschaftliche Rechnungsführung)
COMECON	Council for Mutual Economic Aid
d.h.	das heißt
DDR	Deutsche Demokratische Republik
dokt. diss.	doktorskaja dissertacija (Doktordissertation)
ES	Ekonomičeskoe sotrudničestvo stran-členov SEV (Wirtschaftliche Zusammenarbeit der RGW-Mitgliedsländer)
f.	folgende
Fußn.	Fußnote
GK	Graždanskij Kodeks (Zivilgesetzbuch)
GKNT	Gosudarstvennyj komitet nauki i techniki (Staatskomitee für Wissenschaft und Technik)
GRUR Int.	Gewerblicher Rechtsschutz und Urheberrecht. Internationaler Teil
GSPI	Gosudarstvennaja sistema patentnoj informacii (Staatliches System der Patentinformation)
Hrsg.	Herausgeber
IGPAN	Institut gosudarstva i prava Akademii nauk SSSR (Institut für Staat und Recht der Akademie der Wissenschaften der UdSSR)

IIC	International Review of Industrial Property and Copyright Law
IR	Izobretatel' i racionalizator (Erfinder und Rationalisierer)
i.V.m.	in Verbindung mit
kand. diss.	kandidatskaja dissertacija (Kandidatendissertation)
Kap.	Kapitel
m.w.N.	mit weiteren Nachweisen
MNTK	Mežotraslevyj naučno-techničeskij kompleks (zwischenzweiglicher wissenschaftlich-technischer Komplex)
MSP	Materialy Sekcii Prava Torgovo-Promyšlennoj Palaty (Materialien der Rechtsabteilung der Handels- und Industriekammer)
NPO	Naučno - proizvodstvennoe ob--edinenie (Wissenschaftliche Produktionsvereinigung)
OER	Osteuropa-Recht
Orgalime	Organisme de Liaison des Industries Métalliques Européennes
PPP "Patent"	Proizvodstvo - Poligrafičeskoe Predprijatie "Patent" (Polygraphisches Produktionsunternehmen "Patent")
PVÜ	Pariser Verbandsübereinkunft
Rdn.	Randnummer
RGW	Rat für Gegenseitige Wirtschaftshilfe
RiA	Recht in der Außenwirtschaft
RIW	Recht der internationalen Wirtschaft
ROW	Recht in Ost und West

RSFSR	Rossijskaja Sovetskaja Federativnaja Socialističeskaja Respublika (Russische Sozialistische Föderative Sowjetrepublik)
russ.	russisch
S.	Seite
SEV	Sovet ekonomičeskoj vzaimopomošči (Rat für Gegenseitige Wirtschaftshilfe)
s.o.	siehe oben
s.u.	siehe unten
SFRJ	Sozialistische Föderative Republik Jugoslawien
SFRJu	Socialističeskaja Federativnaja Respublika Jugoslavija (Sozialistische Föderative Republik Jugoslawien)
SGiP	Sovetskoe Gosudarstvo i Pravo (Sowjetstaat und Recht)
SIM	Sbornik informationnych materialov Sekcii prava Vsesojuznoj Torgovoj Palaty (Sammlung der Informationsmaterialien der Rechtsabteilung der Allunionshandelskammer
SP RSFSR	Sobranie Postanovlenij Pravitel'stva RSFSR (Sammlung von Verordnungen der Regierung der RSFSR)
SP SSSR	Sobranie Postanovlenij Pravitel'stva SSSR (Sammlung von Verordnungen der Regierung der UdSSR)
SSSR	Sojuz Sovetskich Socialističeskich Respublik (Union der Sozialistischen Sowjetrepubliken)
st.	stat'ja (Position, Artikel, Paragraph)
StR	Staat und Recht

TPP SSSR	Torgovo-Promyšlennaja Palata SSSR (Handels- und Industriekammer der UdSSR)
UNCITRAL	United Nations Conference on International Trade Law
UNO	United Nations Organisation
UWG	Gesetz gegen den unlauteren Wettbewerb
V/K	Vsesojuznaja kontora (Allunionskontor)
V/O	Vsesojuznoe ob-edinenie (Allunionsvereinigung)
VCPU	Vsesojuznyj centr patentnych uslug (Allunionszentrum für Patentdienste)
VDI	Verein Deutscher Ingenieure
Vest.M.U.	Vestnik Moskovskogo Universiteta (Informationsblatt der Moskauer Universität)
vgl.	vergleiche
V.I.	Voprosy izobretatel'stva (Fragen des Erfindungswesens)
VNIIGPE	Vsesojuznyj naučno-issledovatel'skij institut gosudarstvennoj patentnoj ekspertizy (Wissenschaftliches Allunionsforschungsinstitut für die staatliche Patentprüfung)
VOIR	Vsesojuznoe obščestvo izobretatelej i racionalizatorov (Allunionsgesellschaft der Erfinder und Rationalisierer)
VT	Vnešnjaja Torgovlja (Außenhandel)
VTAK	Vnešne-torgovaja arbitražnaja komissija (Außenhandelsarbitragekommission; aktuelle Bezeichnung: Schiedsgericht bei der Handels- und Industriekammer der UdSSR)

Vyp.	Vypusk (Heft, Ausgabe)
z.B.	zum Beispiel
Ziff.	Ziffer

Vorwort

Diese Arbeit lag im Wintersemester 1988/89 der juristischen Fakultät der Ludwig-Maximilians-Universität als Dissertation vor.

Bei einem fünfmonatigen Aufenthalt in Moskau konnte ich im Westen nicht zugängliche Literatur verarbeiten. Ebenso wichtig waren Gespräche mit sowjetischen Wissenschaftlern. Über die Diskussion juristischer Probleme hinaus waren die dabei hervortretenden, wesentlich politisch bedingten Unterschiede im juristischen Denken interessant. Sie sind ein wichtiger Hintergrund für das Verständnis sowjetischer juristischer Literatur. Noch erwähnen möchte ich die teilweise ernüchternden Erfahrungen bei der über offizielle Stellen gelaufenen Kontaktsuche mit sowjetischen Wissenschaftlern und Institutionen der Praxis. Trotz hartnäckiger Bemühungen meinerseits blieben hier einige Wünsche offen.

Für die Förderung der Arbeit schulde ich vor allem meinem Doktorvater Prof. Dr. Dr. Dieter Pfaff Dank. Er hat die Entstehung der Arbeit mit Anregungen und Kritik begleitet.

München, September 1988

Roland Kehrwald

Literatur

Antimonov, B.S.; Flejšic, E.A.	Izobretatel'skoe pravo (Erfinderrecht), Moskau 1960
Antimonow, B.S.; Fleischiz, E.A.	Erfinderrecht, Berlin (DDR) 1962 (Übersetzung des russischen Originals)
Arievič, E.A.	Tovarnye znaki i znaki obsluživanija v novych uslovijach chozjajstvovanija (Warenzeichen und Dienstleistungsmarken unter den neuen Bedingungen der wirtschaftlichen Tätigkeit), V.I. 1987, Nr. 6, S. 33 f.
Azimov, Č.N.	Dogovornye otnošenija v oblasti naučno-techničeskogo progressa (Vertragsbeziehungen im Bereich des wissenschaftlich-technischen Fortschritts), Char'kov 1981
Azimov, Č.N.	O dogovore na peredaču naučno-techničeskich dostiženij (Über den Vertrag zur Übergabe wissenschaftlich-technischer Errungenschaften), V.I. 1986, Nr. 7, S. 20 f.
Balz, Manfred	Eigentumsordnung und Technologiepolitik. Eine systemvergleichende Studie zum sowjetischen Patent- und Technologierecht, Tübingen 1980
Bardina, M.P.	Sootnošenie obščich uslovij postavok SEV i subsidiarno primenjaemogo nacional'nogo prava (Das Verhältnis der Allgemeinen Lieferbedingungen des RGW und des subsidiär anwendbaren nationalen Rechts), MSP, 1985, Vyp. 36, S. 3 f.
Baru, M.I.	Ochrana prav avtorov, izobretatelej, racionalizatorov (Der Schutz der Rechte der Urheber, Erfinder und Rationalisierer), Kiev 1984

Baturin, N.; Demtschuk, W.	Die weitere Entwicklung der Produktionskooperation zwischen der UdSSR und den anderen RGW-Ländern, AH 1987, Nr. 10, S. 14 f.
Beck, Dieter	Das Recht der Ost-West-Wirtschaftsbeziehungen. Handel und Kooperation, Baden-Baden 1984
Beckmann-Petey, Monika	Wirtschaftsbeziehungen zu sowjetischen Partnern, RIW 1986, S. 501 f.
Beier, Karl-Friedrich	Gewerbliche Schutzrechte in Gemeinschaftsunternehmen (Joint Ventures) nach sowjetischem Recht, RIW 1988, S. 166 f.
Belov, A.	"Nou-chau" vo vnešnej torgovle SSSR (Know-how im Außenhandel der UdSSR), VT 1978, Nr. 3, S. 38 f.
Benenson, L.	V/K "Zagranreklama": sodejstvie razvitiju vnešnich ekonomičeskich svjazej SSSR (V/K "Zagranreklama": Förderung der Entwicklung der Außenhandelsbeziehungen der UdSSR), VT 1984, Nr. 4, S. 22 f.
Benkard, Georg	Patentgesetz, München 1981, 7. Auflage
Bergmann, Wilfried	Neuregelung der Besteuerung von Ausländern in der UdSSR, RIW 1978, S. 520 f.
Bergmann, Wilfried	Durchführungsbestimmungen zur Besteuerung von Ausländern in der UdSSR veröffentlicht, RIW 1979, S. 254 f.
Binnikov, V.I.	Itogi i perspektivy pazvitija naučno-issledovatel'skich rabot VNIIGPE (Ergebnisse und Perspektiven der Entwicklung der wissenschaftlich-technischen Arbeit des VNIIGPE), V.I. 1985, Nr. 5, S. 12 f.
Böckstiegel, Karl-Heinz; Glossner, O.	Internationale Schiedsgerichtsbarkeit im Ost-West-Handel, Baden-Baden 1975

Bodewig, Theo	(Zusammenstellung) Aktuelle Information: UdSSR - Methodische Anweisungen für die Benutzung von Warenzeichen im Export, GRUR Int. 1987, S. 60 f.
Bodewig, Theo	(Zusammenstellung) Aktuelle Information: UdSSR - Übernahme der ausschließlichen Patentvertreterfunktion durch die Unionsvereinigung Sojuzpatent, GRUR Int. 1987, S. 123
Bodewig, Theo	(Zusammenstellung) Aktuelle Information. UdSSR - Neuregelung des Unternehmensrechts, insbesondere der "Staatlichen Produktionsvereinigungen", GRUR Int. 1988, S. 375
Bodewig, Theo	(Zusammenstellung) Aktuelle Information. UdSSR - Neuordnung der Tätigkeit des Staatskomitees für Wissenschaft und Technik samt Unterstellung des bisherigen Staatskomitees für Erfindungen und Entdeckungen; kritische Analyse der Technologiepolitik in der Sowjetunion, GRUR Int. 1988, S. 455
Boguslavskaja, K.A.; Sal'covskij, M.S.; Sologub, G.N.; Scukina, M.S.	Sostojanie, perspektivy soveršenstvovanija naučno-metodičeskoj raboty v GSPI (Stand, Perspektiven der Vervollkommnung der wissenschaftlich-methodischen Arbeit im GSPI), V.I. 1986, Nr. 1, S. 39 f.
Boguslavskij, M.M.	Patentye voprosy v meždunarodnych otnošenijach (Patentfragen in internationalen Beziehungen), Moskau 1962
Boguslavskij, M.M.	Pravovye voprosy techničeskoj pomošči SSSR inostrannym gosudarstvam i licenzionnye dogovory (Rechtsfragen der technischen Hilfe der UdSSR an fremde Staaten und Lizenzverträge), Moskau 1963

Boguslavskij, M.M. Meždunarodnaja ochrana promyšlennoj sobstvennosti (Parižskaja konvencija) [Der internationale Schutz des gewerblichen Eigentums (Pariser Konvention)], Moskau 1967

Boguslavskij, M.M. Vključenie avtorskogo svidetel'stva v tekst parižskoj konvencii po ochrane promyšlennoj sobstvennosti (Die Aufnahme des Urheberscheins in den Text der Pariser Konvention über den Schutz des gewerblichen Eigentums), V.I. 1967, Nr. 12, S. 5 f.

Boguslavskij, M.M. Pokupka i prodaža licenzij v SSSR (Kauf und Verkauf von Lizenzen in der UdSSR), SGiP 1968, Nr. 5, S. 53 f.

Boguslavskij, M.M. Pravovoye formy naučno-techničeskogo i promyšlenno-ekonomičeskogo sotrudničestva SSSR s kapitalističeskimi stranami (Die Rechtsformen der Zusammenarbeit der UdSSR mit den kapitalistischen Ländern in den Bereichen Wissenschaft-Technik und Produktion-Wirtschaft), Moskau 1980

Boguslavskij, M.M. Meždunarodnoe častnoe pravo (Internationales Privatrecht), Moskau 1982, 2. Auflage

Boguslavskij, M.M. (Hrsg.) Meždunarodnaja naučno-techničeskaja i proizvodstennaja kooperacija (pravovoye aspekty) [Internationale Kooperation in Wissenschaft, Technik und Produktion (rechtliche Aspekte)], Moskau 1982 (zitiert: kooperacija 1982)

Boguslavskij, M.M. (Hrsg.) Meždunarodnaja peredača technologii: pravovoe regulirovanie (Der internationale Technologietransfer: die rechtliche Regelung), Moskau 1985

Boguslavskij, M.	Pravovoe regulirovanie otnošenij po vnešnej torgovle SSSR (Die rechtliche Regelung der Beziehungen im Außenhandel der UdSSR), VT 1986, Nr. 12, S. II f. (Beiblatt), (Besprechung des gleichnamigen Buchs von Pozdnjakov)
Boguslavskij, Mark M.	Das internationale Privatrecht in der UdSSR. Neue Tendenzen einer Entwicklung unter dem Gesichtspunkt der Umgestaltung der außenwirtschaftlichen Tätigkeit, RIW 1988, S. 161
Boguslavskij, M.	Vnešneekonomičeskaja dejatel'nost': obespečenie obšegosudarstvennych interesov (Die Außenwirtschaftstätigkeit: Sicherung der allgemein-staatlichen Interessen), VT 1988, Nr. 4, S. 5 f.
Boguslavskij, M.M.; Smirnov, P.S.	Pravovye problemy soveršenstvovanija vnešneekonomičeskoj dejatel'nosti (Rechtliche Probleme der Vervollkommnung der Außenwirtschaftstätigkeit), SGiP 1987, Nr. 6, S. 29 f.
Boguslavskij, M.M; Vasil'ev, I.V.	O voznagraždenii avtorov za izpol'zovanie ich izobretenij za granicej (Über die Vergütung der Erfinder für die Nutzung ihrer Erfindungen im Ausland), IR 1958, Nr. 6, S. 19 f.
Bornstein, Morris	The transfer of Western technology to the USSR, Paris 1985
Braginskij, M.	Dogovornoe pravo stran-členov SEV i SFRJu: Obščie položenija (Das Vertragsrecht der Mitgliedsländer des RGW und der SFRJ: Allgemeine Vorschriften), Moskau 1986
Bratus, S.N.; Sadikov, O.N.	(Hrsg.) Kommentarij k graždanskomu kodeksu RSFSR (Kommentar zum Zivilgesetzbuch der RSFSR), Moskau 1982, 3. Auflage

Brenscheidt, Michael	Die rechtliche Wirkung des sowjetischen Außenhandelsmonopols in der Bundesrepublik Deutschland, AWD 1974, S. 322 f.
Brunner, Georg; Schweisfurth, Theodor; Uschakow, Alexander; Westen, Klaus	(Hrsg.) Sowjetsystem und Ostrecht Festschrift für Boris Meissner zum 70. Geburtstag, Berlin 1985
Bubnov, Boris	Foreign Trade with the USSR. A Manager's Guide to Recent Reforms, Oxford 1987
Buredin, V.A.; Potapov, V.I.	Organizacija upravlenija vnešneekonomičeskimi svjazjami SSSR (Die Organisation der Leitung der Außenwirtschaftsbeziehungen der UdSSR), Moskau 1987
Bykow, Alexander Naumowitsch	Sozialistische ökonomische Integration. Wissenschaft und Technik. Berlin (DDR) 1976 (Übersetzung des russischen Originals: naučno-techničeskaja integracija socialističeskich stran, Moskau 1974)
Čepeleveckij, A.M.	Prodaža i pokupka licenzij (Kauf und Verkauf von Lizenzen), Moskau 1967
Čerdancev, A.F.	Tol'kovanie sovetskogo prava (Die Auslegung des sowjetischen Rechts), Moskau 1979
Cernjak, M.Ja.	(Hrsg.) Zakonodatel'stvo o kapital'nom stroitel'stve, Vyp. 1 (Die Gesetzgebung im Investitionsbauwesen), Moskau 1970
Čubarenko, A.I., Salimov, V.E., Kolesnikov, A.S.	Ekonomičeskoe upravlenie naučno-techničeskim progressom (Wirtschaftliche Lenkung des wissenschaftlich-technischen Fortschritts), Moskau 1985
Danilov, L.I.	Zakon ob izobretatel'stve: voprosy trebujuščie rešenija (Das Gesetz über das Erfindungswesen: Fragen, die Entscheidungen verlangen), V.I. 1986, Nr. 1, S. 20 f.

Dement'ev, V.N. — O pravovom i ekonomičeskom režime techničeskich znanij v sovremennych uslovijach (Über die rechtliche und wirtschaftliche Ordnung technischer Kenntnisse unter den modernen Bedingungen), V.I. 1988, Nr. 1, S. 17 f.

Deomidov, Ju. — Reklama - vaznyj aspekt eksportnoj dejatel'nosti (Die Werbung - ein wichtiger Aspekt der Exporttätigkeit), VT 1987, Nr. 3, S. 14 f.

Deomidow, J. — Wichtiger Aspekt der Exporttätigkeit, AH 1987, Nr. 3, S. 18 f.

Dietz, Adolf — Die Patentgesetzgebung der osteuropäischen Länder, GRUR Int. 1976, S. 139 f.

Dietz, Adolf — Zur Warenzeichen- und Beschwerdepraxis des Sowjetischen Patentamts, GRUR Int. 1979, S. 136 f.

Doronin, I. — Obespečenie valjutnych interesov vo vnešnej torgovle (Die Sicherung der Deviseninteressen im Außenhandel), VT 1986, Nr. 11, S. 28

Dozorcev, V.A. — Pravovoj režim avtorskogo svidetel'stva v uslovijach novoj sistemy planirovanija i ekonomičeskogo stimulirovanija (Die rechtliche Regelung des Urheberscheins unter den Bedingungen des neuen Systems der Planung und wirtschaftlichen Stimulierung), Moskau 1969

Dozorcev, V.A. — Zakonodatel'stvo i naučno-techničeskij progress (Die Gesetzgebung und der wissenschaftlich-technische Fortschritt), Moskau 1978

Drozdovskij, Ju. — V/O "Sovincentr" sodejsvuet torgovo-ekonomičeskomy sotrudničestvu (Die V/O "Sovincentr" fördert die Zusammenarbeit in Handel und Wirtschaft), VT 1982, Nr. 12, S. 45 f.

Drozdovskij, Ju. — TPP SSSR: soveršenstvovanie vystavočnoj dejatel'nosti (Die Handels- und Industriekammer der UdSSR: Vervollkommnung der Ausstellungstätigkeit), VT 1987, Nr. 4, S. 53

Dumeš, L.I. — Dogovor - put' dlja širokogo vnedrenija izobretenij (Der Vertrag - ein Weg zur Einführung von Erfindungen auf breiter Basis), V.I. 1969, Nr. 5, S. 39 f.

Durnev, V. — Sovmestnye predprijatija stran-členov SEV (Die Gemeinschaftsunternehmen der RGW-Mitgliedsländer), VT 1987, Nr. 6, S. 12 f.

Efimov, E.N. — Zakon ob izobretatel'stve SSSR i otkrytija (Das Gesetz über das Erfindungswesen der UdSSR und die Entdeckungen), V.I. 1986, Nr. 3, S. 9 f.

Enderlein, Fritz — Zur rechtlichen Selbständigkeit sozialistischer staatlicher Unternehmen in den internationalen Wirtschaftsbeziehungen, RIW 1988, S. 333 f.

Eremenko, G.A. — Izobretatel'stvo v novych uslovijach chozjajstvovanija (Das Erfindungswesen unter den neuen Bedingungen der Wirtschaftsführung), V.I. 1987, Nr. 6, S. 3 f.

Fedorov, B. — Sovmestnye predprijatija s učastiem zapadnych firm v socialističeskich stranach (Gemeinschaftsunternehmen mit Beteiligung westlicher Firmen in sozialistischen Ländern), VT 1987, Nr. 2, S. 12 f.

Fedorov, S.N.; Karavaev, A.A. — MNTK: Novye vozmožnosti tvorčestva (MNTK: neue Möglichkeiten der schöpferischen Tätigkeit), V.I. 1987, Nr. 5, S. 7 f.

Fikentscher, Wolfgang — Wirtschaftsrecht, Bd. 1, München 1983

Fincke, Martin — (Hrsg.) Handbuch der Sowjetverfassung Bd. 1 und 2, Berlin 1983

Fink, Karl-Hermann — Sozialistisches Internationales Wirtschaftsrecht. Rechtsintegration und Wirtschaftsreformen im Rat für Gegenseitige Wirtschaftshilfe, Berlin 1974

Finkel', N.K.; Smirnov, G.I. — K voprosu o pravovom regulirovanii izobretatel'stva special'nym zakonom SSSR (Zur Frage der rechtlichen Regelung des Erfinderwesens durch ein besonderes Gesetz der UdSSR), V.I. 1979, Nr. 12, S. 15 f.

Flejšic, E.A.; Ioffe, O.S. — Kommentarij k GK RSFSR (Kommentar zum Zivilgesetzbuch der RSFSR), Moskau 1970, 2. Auflage

Forkel, Hans — Gebundene Rechtsübertragungen, Köln 1977

Fromm, Karl Nordemann, Wilhelm — Urheberrecht, Stuttgart 1988, 7. Auflage

Gavrilov, E.P. — Sovetskoe avtorskoe pravo (Das sowjetische Urheberrecht), Moskau 1984

Gavrilov, E.P. — K voprosu razrabotki zakona ob izobretatel'stve (Zur Frage der Ausarbeitung des Gesetzes über das Erfindungswesen), V.I. 1985, Nr. 3, S. 16 f.

Gavrilov, E.P. — Nekotorye problemy soveršenstvovanija prava na promyšlennye obrazcy (Einige Fragen der Vervollkommnung des Rechts an gewerblichen Mustern), V.I. 1986, Nr. 10, S. 23 f.

Geilke, Georg — Einführung in das Sowjetrecht, Darmstadt 1983, 2. Auflage

Genkin, D.M. — (Hrsg.) Pravovoe regulirovanie vnešnej torgovli SSSR (Die rechtliche Regelung des Außenhandels der UdSSR), Moskau 1961

Gewerblicher Rechtsschutz - Urheberrecht - Wirtschaftsrecht. Mitarbeiterfestschrift für Eugen Ulmer, Köln 1973

Golygin, E.; Čistov, V. — K ekonomičeskim otnošenijam meždu SSSR i FRG (Zu den wirtschaftlichen Beziehungen zwischen der UdSSR und der BRD), VT 1986, Nr. 8, S. 17 f.

Gorbačeva, S.O. — Sudebnaja zaščita prav izobretatelej i racionalizatorov (Der gerichtliche Schutz der Rechte der Erfinder und Rationalisierer), V.I. 1988, Nr. 3, S. 36 f.

Gorlenko, S.A. — Promyšlennye obrazcy i tovarnye znaki: pravovoe regulirovanie i puti ego razvitija (Gewerbliche Muster und Warenzeichen: Rechtliche Regelung und Wege ihrer Entwicklung), V.I. 1986, Nr. 10, S. 10 f.

Gorlenko, S.A.; Salenko, L.P. — Aktualnye voprosy pravovoj ochrany tovarnych znakov (Aktuelle Fragen des Rechtsschutzes der Warenzeichen), V.I. 1988, Nr. 1, S. 51 f.

Gorodisskij, M.L. — Licenzii vo vnešnej torgovle SSSR (Lizenzen im Außenhandel der UdSSR), Moskau 1972 (engl. Übersetzung: Licenses in USSR Foreign Trade)

Gosudarstvennyj Komitet SSSR no delam izobretenij i otkrytij (Staatskomitee der UdSSR für Erfindungen und Entdeckungen), Moskau 1985

Gralla, Erhardt; Leonhardt, Peter — (Hrsg.) Chronik der Rechtsentwicklung in den sozialistischen Staaten, ROW fortlaufend, insbesondere 1988 S. 46 f., 126 f., 1987, S. 361 f., 311 f.

Grigor'ev, A.N.	Ispol'zovanie tovarnych znakov kooperativami, licami, zanimajuščimisja individual'noj trudovoj dejatel'nost'ju (Die Nutzung von Warenzeichen durch Kooperativen und Personen, die einer individuellen Arbeitstätigkeit nachgehen), VT 1988, Nr. 5, S. 63 f.
Grützmacher, Rolf; Schmidt-Cotta, Ralf-Roland; Laier, Hubert	Der internationale Lizenzverkehr Heidelberg 1985, 7. Auflage
Herbst, Reimer	Die rechtliche Ausgestaltung der Lizenz und ihre Einordnung in das System des bürgerlichen Rechts, Göttingen 1968
Hiance, Martine; Plasseraud, Yves	La protection des inventions en Union soviétique et dans les républiques populaires d'Europe, Paris 1969
Hintz, Martina	Recht und Praxis der Streiterledigung im Ost-West-Handel am Beispiel des Handels zwischen der UdSSR und der Bundesrepublik Deutschland, RIW 1986, S. 506 f.
Hubmann, Heinrich	Gewerblicher Rechtsschutz, München 1981, 4. Aufl.
Ignatov, V.V.	Sovetskie naučno-techničeskie dostiženija zavoevajut meždunarodnyj rynok (Sowjetische wissenschaftlich-technische Errungenschaften erobern den internationalen Markt), V.I. 1987, Nr. 11, S. 50 f.
Ignatow, W.	Lizenzintorg: 25 Jahre auf dem Markt der Technologie, AH 1987, Nr. 8, S. 21 f.

Il'in, V.I. — Pravovye osnovy organizacii i provedenija izobretatel'skoj i patentnoj raboty pri naučno-techničeskom sotrudničestve stran-členov SEV (Rechtliche Grundlagen der Organisation und Durchführung der Erfinder- und Patentarbeit bei der wissenschaftlich-technischen Zusammenarbeit der RGW-Mitgliedsländer), V.I. 1986, Nr. 6, S. 36 f.

Instruktija o porjadke raboty po peredače licenzij i okazaniju uslug tipa inžiniring (Instruktion über die Ordnung zur Übergabe von Lizenzen und für Ingenieurdienstleistungen), Moskau 1979

Ioffe, O.S. — Objazatel'stvennoe pravo (Schuldrecht), Moskau 1975

Ivanov, I. — O metodologii rasčeta voznagraždenija pri prodaže patenta i licenzii (Über die Lehre von den Methoden der Vergütungsberechnung beim Verkauf von Patent und Lizenz), V.I. 1962, Nr. 8, S. 35 f.

Ivanov, I. — Gosudarstvennaja monopolija vnešnej torgovli: formy i problemy na 70-letnem rubeže (Das staatliche Außenhandelsmonopol: Formen und Probleme nach Ablauf von 70 Jahren), VT 1988, Nr. 4, S. 2 f.

Ivanov, I.D.; Sergeev, Ju. A. — Patenty i Lizencii v meždunarodnych ekonomičeskich otnošenijach (Patente und Lizenzen in den internationalen Wirtschaftsbeziehungen), Moskau 1966

Jakovleev, V.F. — Osnovy sovetskogo prava (Die Grundlagen des sowjetischen Rechts), Moskau 1986

Kalinowski, W.; Kukrus, A. — Warenzeichen im Außenhandel, AH 1988, Nr. 2, S. 13 f.

Južina, V.B. — Rol' VOIR v razvitii ukreplenii naučno-techničeskich svjazej s organizacijami izobretatelej zarubežnich stran (Die Rolle der VOIR bei der Entwicklung der Verstärkung der wissenschaftlich-technischen Beziehungen mit Erfinderorganisationen des Auslandes), V.I. 1987, Nr. 8. S. 31 f.

Kaljanin, B.V. — Osnovnye napravlenija dejatel'nosti VCPU (Grundrichtungen der Tätigkeit des VCPU), V.I. 1987, Nr. 9, S. 52 f.

Kamenova, C.N. — Licenzionnye dogovory meždu chozjajstvennymi organizacijami stran-členov SEV (Pravovaja priroda, regulirovanie, kollizionnye problemy), [Lizenzverträge zwischen Wirtschaftsorganisationen der RGW-Mitgliedsländer (Rechtsnatur, Regelung, kollisionsrechtliche Probleme)], Moskau 1975 (kand. diss.)

Karpov, B. — V/O "Vneštorgreklama": sodejstvie razvitiju torgovo-ekonomičeskogo sotrudničestva (V/O "Vneštorgreklama": Förderung der Entwicklung der Zusammenarbeit in Handel und Wirtschaft), VT 1984, Nr. 9, S. 22 f.

Kašin, A. Ju. — Voprosy uskorennogo vnedrenija izobretenij (Fragen der beschleunigten Einführung der Erfindungen), V.I. 1987, Nr. 9, S. 15

Kemper, Manfred; Maskow, Dietrich — Internationale Wirtschaftsverträge über wissenschaftlich-technische Ergebnisse und Leistungen zwischen Unternehmen der RGW-Länder, StR 1966, S. 949 f.

Klebaner, V.S. Važnye rešenija po stimulirovaniju rasprostranenija peredovogo opyta (Wichtige Entscheidungen zur Stimulierung der Verbreitung übergebener Erfahrung), V.I. 1972, Nr. 9, S. 11 f.

Komarov, A. Arbitraž s učastiem sovetskich vnešnetorgovych organizacij v kapitalističeskich stranach (Die Arbitrage mit Beteiligung sowjetischer Außenhandelsorganisationen in kapitalistischen Ländern), VT 1986, Nr. 11, S. 51 f.

Komissarov, A.A. Licenzionnyj dogovor kak pravovaja forma peredači dostiženij rastenievodstva v ramkach SEV (Der Lizenzvertrag als Rechtsform der Übergabe von Errungenschaften der Pflanzenzucht im Rahmen des RGW), V.I. 1986, Nr. 5, S. 29 f.

Korenev, A.P. Sovetskoe administrativnoe pravo (Sowjetisches Verwaltungsrecht), Moskau 1986

Kraßer, Rudolf Verpflichtung und Verfügung im Immaterialgüterrecht, GRUR Int. 1973, S. 230 f.

Krasavčikov, O.A. (Hrsg.) Sovetskoe graždanskoe pravo (Das sowjetische Zivilrecht), Bd. 1, Moskau 1968

Krasavčikov, O.A. (Hrsg.) Sovetskoe graždanskoe pravo (Das sowjetische Zivilrecht), Bd. 1, Moskau 1985, 3. Auflage

Kravec, L.G.; Perel', I.S. Sovremennye istočniki informacii ob izobretenijach (Moderne Informationsquellen über Erfindungen), V.I. 1986, Nr. 3, S. 32 f.

Krumm, Hein Anlagenverträge im Osthandel, Heidelberg 1987

Kurakin, B.E. — MNTK: Osnovye problemy i puti ich rešenija (MNTK: Grundprobleme und Wege ihrer Lösung), V.I. 1987, Nr. 8, S. 2 f.

Kurnosov, A. — Zenoobrazovanie v meždunarodnoj torgovle licenzijami (Preisbildung im internationalen Lizenzhandel), VT 1987, Nr. 12, S. 27 f.

Kurnossow, A. — Preisbildung im internationalen Lizenzhandel, AH 1987, Nr. 12, S. 23 f.

Kuršinov, V. — O chozrasčetnych otnošenijach meždu vnešnetorgovymi i promyšlennymi organizacijami (Über die Beziehungen zwischen Außenhandels- und Herstellerorganisationen auf der Grundlage wirtschaftlicher Rechnungsführung), VT 1987, Nr. 9, S. 44 f.

Kuskov, A.N. — Meždunarodnaja sistema patentnoj informacii i kompleksnaja programma naučno-techničeskogo progressa stran-členov SEV (Das internationale System der Patentinformation und das Komplexprogramm des wissenschaftlich-technischen Fortschritts der RGW-Mitgliedsländer), V.I. 1986, Nr. 12, S. 22 f.

Kuwschinow, W. — Wirtschaftliche Rechnungsführung in den Beziehungen zwischen Außenhandelsorganisationen und Industriebetrieben, AH 1987, Nr. 9, S. 33 f.

Lange-Prollius, Horst — Praxis des Ostwesthandels, Düsseldorf 1977

Laskov, J.B. — Ponjatie i priznaki "nou-chau" (Begriff und Merkmale des "Know-how"), V.I. 1972, Nr. 7, S. 49 f.

Leonidov, V. — O razrabotke meždunarodnogo dokumenta v oblasti peredači technologii (Über die Ausarbeitung eines internationalen Dokuments im Bereich des Technologietransfers), VT 1980, Nr. 11, S. 33 f.

v. Lingelsheim-Seibicke, Wolfgang — Handbuch für den Osthandel, Köln (Loseblattsammlung)

Litvak, B.G. — Izobretatel'stvo i chozjajstvennyj rasčet (Das Erfindungswesen und die wirtschaftliche Rechnungsführung), V.I. 1966, Nr. 6, S. 34 f.

Litvak, B.G. — Ispol'zovanie materialov patentnych issledovanij pri patentovanii izobretenij i prodaže licenzij (Die Nutzung der Materialien der Patentnachforschungen bei der Patentierung von Erfindungen und dem Verkauf von Lizenzen), V.I. 1984, Nr. 5, S. 52 f.

Litvak, B.G. — Izobretenie kak tovar (Die Erfindung als Ware), V.I. 1988, Nr. 1, S. 12 f.

Lucas, Rainer — Quellen und Formen des Sowjetrechts, Herrenalp 1965

Lunc, L.A. — Meždunarodnoe častnoe pravo, osobennaja čast (Internationales Privatrecht, Besonderer Teil), Moskau 1963

Lunc, L.A. — Meždunarodnoe častnoe pravo (Internationales Privatrecht), Moskau 1970

Lynnik, N.V. — Nekotorye ekonomičeskie problemy soveršenstvovanija upravlenija izobretatel'stvom (Einige wirtschaftliche Probleme der Vervollkommnung der Leitung des Erfindungswesens), V.I. 1987, Nr. 9, S. 10 f.

Mamiofa, I.E. — Sovremennaja naučno-techničeskaja revoljucija i pravovye problemy ochrany izobretenij (Die moderne wissenschaftlich-technische Revolution und Rechtsprobleme des Schutzes der Erfindungen), Char'kov 1970 (avtoref. dokt. diss.)

Mamiofa, I.E.	Novoe v prave na izobretenie (Neues im Recht an der Erfindung), V.I. 1974, Nr. 3, S. 13 f.
Mamiofa, I.E.	Otvetstvennost' za narušenie prav izobretatelej (Die Haftung für die Verletzung der Erfinderrechte), V.I. 1986, Nr. 8, S. 16 f.
Manow, G.N.	(Hrsg.) Marxistisch-leninistische allgemeine Theorie des Staates und des Rechts, Berlin (DDR) 1974, Bd. 1, 2; 1975 Bd. 3, 1976, Bd. 4 (Übersetzung des russischen Orginaltitels: Marksistko-leninskaja obščaja teorija gosudarstva i prava), Moskau 1970
Maslov, V.F.; Puškin, A.A.	Sovetskoe grazdanskoe pravo (Das sowjetische Zivilrecht), Bd. 1 und 2, Kiev 1983, 2. Auflage
Matveeva, N.	Pervoe sovmestnoe sovetsko-amerikanskoe predprijatie (Das erste sowjetisch-amerikanische Gemeinschaftsunternehmen), VT 1988, S. 22 f.
Mel'nikov, A.A.	Ponjatie "nou-chau" i pravovaja reglamentacija otnošenij po ego peredače (Der Begriff des Know-how und die rechtliche Regelung der Beziehungen bei seiner Übergabe), SGiP 1981, Nr. 11, S. 85 f.
Mel'nikov, A.A.	Pravovye voprosy peredači "nou-chau" v meždunarodnoj torgovle (Rechtsfragen der Übergabe von Know-how im internationalen Handel), Moskau 1982 (kand. diss.)
Michailov, V.A.; Vasil'ev, V.D.; Lifljancik, B.I.	Patentnye issledovanija: sovremennoe sostojanie i perspektivy razvitija (Patentnachforschungen: gegenwärtiger Stand und Entwicklungsperspektiven), V.I. 1987, Nr. 11, S. 31 f.
Mironov, N.V.	(Hrsg.) Izobretatel'skoe pravo (Erfinderrecht), Moskau 1986

Mironov, N.V.	O nekotorych napravlenijach soveršenstvovanija pravovogo regulirovanija izobretatel'stva (Über einige Richtungen der Vervollkommnung der rechtlichen Regelung des Erfindungswesens), V.I. 1987, Nr. 2, S. 7 f.
Mironov, A.N.	Pravovye voprosy sotrudničestva stran-členov SEV v oblasti naučno-techničeskoj i patentnoj informacii (Rechtsfragen der Zusammenarbeit der RGW-Mitgliedsländer im Bereich der wissenschaftlich-technischen und der Patentinformation), V.I. 1987, Nr. 5, S. 34 f.
Mironov, N.V.; Mamiofa, I.E.	Nekotorye problemy sovetskogo izobretatel'skogo prava (Einige Probleme des sowjetischen Erfinderrechts), V.I. 1985, Nr. 6, S. 19 f.
Moecke, Hans-Jürgen	Zur Gleichstellung der Urheberscheine mit dem Patent im Rahmen der Pariser Verbandsübereinkunft, OER 1967, S. 127 f.
Moecke, Hans-Jürgen	Vertragsprobleme und Entwicklungsmöglichkeiten der Ost-West-Kooperation, AWD 1971, S. 258 f.
Moecke, Hans-Jürgen	Einfache und erweiterte Ost-West-Kooperation - Vertragsprobleme und Vertragsgestaltung, AWD 1973, S. 64 f.
Moecke, Hans-Jürgen	Vertragsgestaltung bei anlagenbegleitenden Lizenzverträgen, RIW 1983, S. 488
Morozov, A.N.	Dejatel'nost VPTB na obespečeniju patentnych issledovanij (Die Tätigkeit der VPTB zur Schaffung der Voraussetzungen der Patentnachforschungen), V.I. 1986, Nr. 12, S. 29 f.

Morozov, I.Ja. — Patentnye issledovanija - na uroven' sovremennych trebovanij (Patentnachforschungen - auf dem Niveau modernder Anforderungen), V.I. 1983, Nr. 4, S. 4 f.

Mozolin, V.P. — Problemy, svjazannye s razrabotkoj zakona ob izobretatel'stve (Probleme, verbunden mit der Ausarbeitung des Gesetzes über das Erfindungswesen), V.I. 1986, Nr. 1, S. 15 f.

Muchamedšin, I.S. — Rassmotrenie sporov, svjazannych s licenzionnymi soglašenijami (Die Behandlung von Streitfällen in Verbindung mit Lizenzverträgen), V.I. 1986, Nr. 5, S. 55 f.

Muchamedšin, I.S. — Problemy sozdanija i funkcionirovanija vnedrenskich organizacii (Probleme der Einrichtung und des Funktionierens von Einführungsorganisationen), V.I. 1987, Nr. 6, S. 17 f.

Muchamedšin, I.S. — Prava na promyšlennuju sobstvennost' v dejatel'nosti sovmestnych predprijatij (Die gewerblichen Eigentumsrechte bei der Tätigkeit von Gemeinschaftsunternehmen), V.I. 1988, Nr. 3, S. 23 f.

Muchopad, V.I. — "Licenzintorg" prodaet i pokupaet licenzii ("Licenzintorg" verkauft und kauft Lizenzen), V.I. 1986, Nr. 2, S. 54 f.

Muchopad, V. — Problemy perestrojki torgovli licenzijami (Probleme des Umbaus des Lizenzhandels), VT 1987, Nr. 3, S. 43 f.

Mück, Herbert — Auslegung von Rechtsnormen in der DDR und der UdSSR, ROW 1978, S. 14 f.

Najaškov, I.S. — K novym rubežam naučno-techničeskogo progressa (Zu neuen Grenzen des wissenschaftlich-technischen Fortschritts), V.I. 1986, Nr. 2, S. 2 f.

Najaškov, G.A.	Izobretatel'skaja i patentno-licenzionnaja dejatel'nost' v novych uslovijach chozjajstvovanija (Die Erfinder- und Patent- und Lizenztätigkeit unter den neuen Bedingungen der Wirtschaftsführung), V.I. 1987, Nr. 11, S. 2 f.
Namengenov, K.N.	Absoljutnye i otnositel'nye izobretatel'skie pravootnošenija (Absolute und relative Rechtsbeziehungen im Erfinderrecht), Alma-Ata 1978
Nguen Van Luen	Nacional'no-pravovoe regulirovanie organizacii i dejatel'nosti sovmestnych preprijatij stran-členov SEV (Nationalrechtliche Regelung der Organisation und der Tätigkeit von Gemeinschaftsunternehmen der RGW-Mitgliedsländer), Vest. M.U., 1987, Nr. 5, S. 66 f.
Nikonow, A.; Stromow, A.	Globalvertrag: Möglichkeiten und Grenzen seiner Anwendung, AH 1987, Nr. 10, S. 17 f.
Občinikov, V.N.	Nekotorye voprosy razrabotki zakona ob izobretatel'stve (Einige Fragen der Ausarbeitung des Gesetzes über das Erfindungswesen), V.I. 1985, Nr. 9, S. 28 f.
Ogorodnik, V.; Sineckij, B.	Formy i metody eksporta oborudovanija na rynok kapitalističeskich stran (Formen und Methoden des Exports von Ausrüstungsgegenständen auf dem Markt der kapitalistischen Länder), VT 1987, Nr. 5, S. 27 f.
Orgalime	Leitfaden zur Abfassung von Know-how-Verträgen, Bruxelles 1970, 3. Aufl.

Organizacionno - metodičeskie ekonomičeskie i pravovye osnovy naučno-techničeskogo sotrudničestva stran-členov SEV (Organisatorische und methodische ökonomische und rechtliche Grundlagen der wissenschaftlich-technischen Zusammenarbeit der RGW-Mitgliedsländer), Moskau 1985

Orlov, Vladimir — Arbitration Procedure in East-West Trade, Nordic Journal of International Law 1986, S. 310 f.

Osterland, R.; Humml, M. — Der Vertrag über den Austausch wissenschaftlich-technischer Ergebnisse innerhalb der sozialistischen Staatengemeinschaft, RiA 1970, Nr. 3, S. 1 f.

Ostrat, Ja.G. — Izobretenija v individual'noj trudovoj dejatel'nosti. Pravovoj aspekt (Erfindungen bei der individuellen Arbeitstätigkeit. Rechtlicher Aspekt), V.I. 1987, Nr. 9, S. 28 f.

Ostrat, Ja.G.; Vyzu, A.L. — Patentnye issledovanija pri opredelenii patentnoj čistoty ob-ektov techniki (Patentnachforschungen bei der Bestimmung der Patentreinheit von Objekten der Technik), V.I. 1986, Nr. 4, S. 28 f.

Paetzold, Edith — Die Verordnungen des 17. Juli 1987 zur Umgestaltung des sowjetischen Wirtschaftsmechanismus, ROW 1988, S. 31 f.

Papko, V.V. — Oformlenie prav na sovmestnye izobretenija i promyšlennye obrascy pri osušestvlenii ekonomičeskogo i naučno-techničeskogo sotrudničestva (Die Ausgestaltung der Rechte an gemeinsamen Erfindungen und gewerblichen Mustern bei der Verwirklichung wirtschaftlicher und wissenschaftlich-technischer Zusammenarbeit), V.I. 1984, Nr. 7, S. 24 f.

Parrott, Bruce (Hrsg.) Trade, technology and Soviet-American Relations, Bloomington 1985

Patent Cooperation Treaty, Geneva 1985

Pechtl, Ernst Das neuere sowjetische Urheberrecht unter besonderer Berücksichtigung der internationalen Beziehungen, München 1982

Peskov, B.S. Zarubežnoe patentovanie: sostojanie i perspektivy (Patentierung im Ausland: Stand und Perspektiven), V.I. 1985, Nr. 2, S. 16 f.

Peskov, B.S. Patentno-licenzionnaja rabota v strane v uslovijach soveršenstvovanija vnešneekonomičeskoj dejatel'nosti (Die Patent- und Lizenzarbeit im Land unter den Bedingungen der Vervollkommnung der Außenwirtschaftstätigkeit), V.I. 1987, Nr. 7, S. 2 f.

Pfaff, Dieter Die Entwicklung der sowjetischen Rechtslehre, Köln 1968

Pfaff, Dieter Die Außenhandels-Schiedsgerichtsbarkeit der osteuropäischen Länder im Hinblick auf den Handel mit der Bundesrepublik, AWD 1969, S. 131 f.

Pfaff, Dieter Die Außenhandelsschiedsgerichtsbarkeit der sozialistischen Länder im Handel mit der Bundesrepublik Deutschland unter Berücksichtigung des internationalen Privatrechts, Heidelberg 1973

Pfaff, Dieter Qualifikation und Anknüpfung von internationalen Lizenzverträgen im internationalen Privatrecht osteuropäischer Länder, in: Gewerblicher Rechtsschutz, S. 477 f.

Pfaff, Dieter Rechtsprobleme des Ost-West-Handels, Economisch en Sociaal Tijdschrift 1973, S. 741 f.

Pfaff, Dieter	Der Know-how-Vertrag im bürgerlichen Recht. Dogmatische Einordnung, Haftungsvoraussetzungen und Haftungsfolgen, BB 1974, S. 565 f.
Pfaff, Dieter	Internationale Lizenzverträge im europäischen internationalen Privatrecht. Vereinheitlichung ohne Osteuropa?, AWD 1974, S. 241 f.
Pfaff, Dieter	Vereinheitlichung der Außenhandels-Arbitrage der RGW-Länder und ihre Auswirkungen auf die internationale Handelsschiedsgerichtsbarkeit im Ost-West-Handel, RIW 1976, S. 253 f.
Pfaff, Dieter	Neuerungen der internationalen Schiedsgerichtsbarkeit im Ost-West-Handel vor den ständigen Außenhandelsgerichten der RGW-Länder; Teil II: Sowjetunion, Tschechoslowakei, Ungarn, RIW 1977, S. 125 f.
Pfaff, Dieter	Conflict of Laws Aspects of Licence Contracts in Germany and the Socialist Countries: Part Two. Socialist Countries, IIC 1977, S. 123 f.
Pfaff, Dieter	Technologietransfer und "das" Wesen "der" Lizenzverträge, RIW 1982, S. 381 f.
Pfaff, Dieter	Hemmnisse bei Entwicklung, Anwendung und innersystemarem Transfer moderner Technologie - West und Ost im Vergleich, in: Brunner, S. 459 f.
Pisar, Samuel	Transactions entre l'est et l'ouest, Paris 1972

Pitovranov, E. — Sodejstvie TPP SSSR razvitiju vnešneekonomičeskich svjazjej Sovetskogo Sojuza (Die Unterstützung der Entwicklung der Außenwirtschaftbeziehungen der Sowjetunion durch die Handels- und Industriekammer der UdSSR), VT 1986, Nr. 6, S. 2

Pitovranov, E.P. — TPP SSSR: sodejstvie prjamym svjazjam (Die Handels- und Industriekammer der UdSSR: Förderung der direkten Beziehungen), VT 1987, Nr. 9, S. 15 f.

Pitowranow, J. — Die Handels- und Industriekammer der UdSSR fördert Direktbeziehungen, AH 1987, Nr. 10, S. 11 f.

Podšinikov, L.I.; Čistoborodov, P.G. — O pravovoj ochrane nekotorych rezultatov tvorčeskoj dejatel'nosti (Über den Rechtsschutz einiger Ergebnisse schöpferischer Tätigkeit), V.I. 1987, Nr. 8. S. 22 f.

Ponomarev, S. — Sotrudničestvo na kompensacionnoj osnove i zapadnaja koncepcija "vstrečnoj torgovli" (Die Zusammenarbeit auf Kompensationsbasis und die westliche Konzeption des "Gegenhandels"), VT 1983, Nr. 11, S. 27 f.

Pozdnjakov, V.S. — (Hrsg.) Eksportno-importnye operacii (pravovoe regulirovanie) [Export-Importgeschäfte (rechtliche Regelung)], Moskau 1970

Pozdnjakov, V.S. — Sovetskoe gosudarstvo i vnešnjaja torgovlja, pravovye voprosy (Der sowjetische Staat und der Außenhandel, rechtliche Fragen), Moskau 1976

Pozdnjakov, V.S. — (Hrsg.) Vnešnetorgovaja Arbitražnaja Kommissija pri Torgovo-Promyšlennoj Palate SSSR. K 50-letiju so dnja učreždenija (Die Außenhandelsarbitragekommission bei der Handels- und Industriekammer der UdSSR. Zum 50. Jahr seit dem Gründungstag), MSP 1982, Vyp. 33, S. 3f.

Pozdnjakov, V. 50 let Vnešnetorgovoj arbitražnoj komissii (50 Jahre Außenhandelsarbitragekommission), VT 1982, Nr. 7, S. 37 f.

Pozdnjakov, V.S. (Hrsg.) Pravovoe regulirovanie otnošenij po vnešnej torgovle SSSR (Die rechtliche Regelung der Beziehungen im Außenhandel der UdSSR), Bd. 1, Moskau 1985 und Bd. 2, Moskau 1986

Pozdnjakov, V.S. (Hrsg.) Pravo i vnešnjaja torgovlja (Recht und Außenhandel), Moskau 1987

Prachov, B.G. Pravovaja ochrana izobretenij v stranach SEV (Der Rechtsschutz der Erfindungen in den Ländern des RGW), Kiev 1986

Pretnar, Stojan Der gewerbliche Rechtsschutz und die Gesellschaftsordnung, GRUR Int. 1986, S. 1 f.

Primernye licenzionnye dogovory (Lizenzvertragsmuster), Moskau 1975

Primernye pravila o materialnoj otvetstvennosti organizacij po dogovoram v oblasti naučno-techničeskogo sotrudničestva (Musterregeln über die materielle Verantwortlichkeit der Organisationen nach den Verträgen auf dem Gebiet der wissenschaftlich-technischen Zusammenarbeit), Moskau 1982

Prospekt oficialnych izdanij i uslug v oblasti izobretatel'stva (Prospekt der offiziellen Erlasse und Dienstleistungen im Bereich des Erfindungswesens), Moskau 1980

Rajgorodskij, N.A. Izobretatel'skoe pravo SSSR (Das Erfinderrecht der UdSSR), Moskau 1949

Ramzajcev, D.F. Praktika vnešnetorgovoj arbitražnoj komissii po razrešeniju sporov o posledstvijach neispolnenija dogovornych objazatel'stv (Die Praxis der Außenhandelsarbitragekommission bei der Behandlung von Streitfällen über die Folgen der Nichterfüllung von Vertragspflichten), SIM, 1956, Vyp. 6, S. 32 f.

Ramzajcev, D.F. Dogovor kupli-prodaži vo vnešnej torgovle (Der Kaufvertrag im Außenhandel), Moskau 1961

Ramzajcev, D.F. Primenenie meždunarodnaja častnogo prava v rešenijach vnešnetorgovoj arbitražnoj komissii pri vsesojuznoj torgovoj palate (Die Anwendung des internationalen Privatrechts in Entscheidungen der Außenhandelsarbitragekommission bei der Allunionshandelskammer), SIM, 1970, Vyp. 23, S. 3 f.

Rassochin, V.P. Ob isključitel'nom prave sovetskogo gosudarstva na izobretenija (Über das Ausschlußrecht des sowjetischen Staats an den Erfindungen), V.I. 1969, Nr. 5, S. 12 f.

Rassochin, V.P. Pravovye problemy ispol'zovanija izobretenij v narodnom chozjajstve (Rechtsprobleme der Nutzung von Erfindungen in der nationalen Wirtschaft), Moskau 1970 (avtoref. kand. diss.)

Rassochin, V.P. O dogovore vozmezdnoj peredači techničeskogo opyta (Über den Vertrag der entgeltlichen Übergabe technischer Erfahrung), V.I. 1970, Nr. 9, S. 11 f.

Rassochin, V.P. Isključitel'noe pravo sovetskogo gosudarstva na izobretenija (Das Ausschlußrecht des sowjetischen Staats an den Erfindungen), V.I. 1984, Nr. 6, S. 16 f.

Rassochin, V.P. Mechanism vnedrenija dostiženij nauki (Der Mechanismus der Einführung der Errungenschaften der Wissenschaft), Moskau 1985

Rassudovskij, V.A. Pravo v sisteme naučno-techničeskoj informacii (Das Recht im System der wissenschaftlich-technischen Information), Pravovedenie 1984, Nr. 5, S. 81 f.

Rekomendacii IV. vsesojuznogo soveršČanija-seminara po problemam pravovoj ochrany i ispol'zovanija tovarnych znakov i promyšlennich obrazcov v SSSR (Empfehlungen des 4. beratenden Allunionsseminars über Probleme des Rechtsschutzes und der Nutzung von Warenzeichen und gewerblichen Mustern in der UdSSR), Moskau 1986

Rjasencev, V.A. (Hrsg.) Patentovedenie (Patentwesen) Moskau 1984

Rjasencev, V.A. (Hrsg.) Sovetskoe graždanskoe pravo (Das sowjetische Zivilrecht), Bd. 1, Moskau 1986, Bd. 2, Moskau 1987

Rjasencev, V.A. Novejšie postanovlenija partii i pravitel'stva po voprosam uskorenija naučno-techničeskogo progressa (Neueste Verordnungen der Partei und der Regierung zu Fragen der Beschleunigung des wissenschaftlich-technischen Fortschritts), V.I. 1987, Nr. 11, S. 22 f.

Rokicki, B. Sotrudničestvo v oblasti izobretatel'stva (Zusammenarbeit im Bereich des Erfindungswesens), ES 1987, Nr. 5, S. 93 f.

Rosenberg, M. Praktische Fragen der Anwendung der Allgemeinen Lieferbedingungen des RGW, AH 1987, Nr. 6, S. 24 f.

Rozenberg, M. — Tolkovanie dogovora v praktike vnešnetorgovoj arbitražnoj komissii (Die Vertragsauslegung in der Praxis der Außenhandelsarbitragekommission), VT 1981, Nr. 2, S. 40 f.; Nr. 3, S. 37 f.

Rozenberg, M.G. — Problemy pravovogo regulirovanija vnešnetorgovoj postavke tovarov meždu organizacijami stran-členov SEV (Probleme der rechtlichen Regelung der Warenlieferung im Außenhandel zwischen Organisationen der RGW-Mitgliedsländer), Moskau 1983 (avtoref. dokt. diss.)

Rozenberg, M.G. — Tolkovanie dogovora vnešnetorgovoj postavki v ramkach SEV (Die Auslegung des Außenhandelsliefervertrags im Rahmen des RGW), MSP, 1986, Vyp. 37, S. 3 f.

Rožneva, L.S. — Osobennosti cenoobrazovanija na produktiju promyšlennich issledovanij i razrabotok (Die Besonderheiten der Preisbildung für die Erzeugnisse gewerblicher Forschungen und Ausarbeitungen), Leningrad 1974

Rozov, B.S. — Razvitie ekonomičeskich issledovanij v oblasti izobretatel'stva (Die Entwicklung der wirtschaftlichen Untersuchungen im Bereich des Erfindungswesens), V.I. 1986, Nr. 11, S. 6 f.

Rybak, V. — Ob osnovych napravlenijach raboty V/O "Vneštechnika" (Über die Grundrichtungen der Arbeit der V/O "Vneštechnika"), VT 1987, Nr. 8, S. 25 f.

Sadikov, O.N. — Dogovor vo vnešnej torgovle (Der Vertrag im Außenhandel), Moskau 1979

Sadikov, O.N. — (Hrsg.) Meždunarodnoe častnoe pravo (Internationales Privatrecht), Moskau 1984

Šamraj, Ju.	Perestrojka sistemy vnešneekonomičeskich svjazej SSSR i gosudarstvennaja monopolija vnešnej torgovli (Der Umbau des Systems der Außenwirtschaftsbeziehungen der UdSSR und das staatliche Außenhandelsmonopol), VT 1987, Nr. 4, S. 2 f.
Sas, Ivan	Obščie uslovija postavok SEV (Allgemeine Lieferbedingungen des RGW), Moskau 1978; (Originalausgabe ungarisch, Budapest 1974)
Šatrov, V.P.	Ispol'zovanie izobretenij v narodnom chozjajstve (Die Nutzung von Erfindungen in der nationalen Wirtschaft), SGiP 1974, Nr. 7, S. 48 f.
Schkarenkow, J.	Direktbeziehungen - Instrumente der Intensivierung der Außenhandelstätigkeit, AH 1987, Nr. 8, S. 2 f.
Schuster-Woldan, Ulrich	Lizenz- und Nachnutzungsverträge in der DDR, Köln 1975
Schweisfurth, Theodor	Die Rechtsgrundlagen für Gemeinschaftsunternehmen in der Sowjetunion, RIW 1987, S. 489 f.
Sedlov, P.A.	Material'noe stimulirovanie peredači naučno-techničeskich dostiženij i peredovogo opyta (Die materielle Stimulierung der Übergabe wissenschaftlich-technischer Errungenschaften und übergebener Erfahrung), V.I. 1974, Nr. 7, S. 9 f.
Sedlov, P.A.	Orientacija chozjajstvennogo mechanizma na uskorenie vnedrenija izobretenij (Die Orientierung des Wirtschaftsmechanismus an der Beschleunigung der Einführung von Erfindungen), V.I. 1987, Nr. 4, S. 16 f.
Šepin, L.P.; Kravec, L.G.; Molčanova, A.A.; Sologub, G.N.	Novaja organizacija patentno-informacionnoj bazy strany (Neue Organisation der Patentinformationsbasis des Landes), V.I. 1987, Nr. 12, S. 29 f.

Sergeev, V.M. — Osobennosti vyplaty voznagraždenija za promyšlennye obrazcy (Besonderheiten der Vergütungszahlung für gewerbliche Muster), V.I. 1985, Nr. 9, S. 35 f.

Sergeev, V.M. — Soveršenstvovanie praktičeskoj raboty s tovarnymi znakami (Die Vervollkommnung der praktischen Arbeit mit Warenzeichen), V.I. 1986, Nr. 10, S. 50 f.

Sergeev, V.M. — O pravovoj ochrane znakov obsluživanija (Über den Rechtsschutz der Dienstleistungsmarken), V.I. 1987, Nr. 12, S. 25 f.

Shenichow, M.; Matwejewa, N. — Die Rolle der Werbung bei der Entwicklung des Exports, AH 1987, Nr. 9, S. 19 f.

Simanovskij, S.I.; Červjakov, I.V. — Kompleksnaja programma naučno-techničeskogo progressa stran-členov SEV do 2000u. i zadači sotrudničestva v oblasti izobretatel'stva (Das Komplexprogramm des wissenschaftlich-technischen Fortschritts der RGW-Mitgliedsländer bis zum Jahr 2000 und die Aufgaben der Zusammenarbeit im Bereich des Erfindungswesens), V.I. 1986, Nr. 6, S. 32 f.

Simanovskij, S. — Sostojanie i perspektivy razvitija licenzionnogo obmena v stranach-členach SEV (Stand und Entwicklungsaussichten des Lizenzaustauschs in den RGW-Mitgliedsländern), VT 1980, Nr. 2, S. 18 f.

Simanowski, S. — Stand und Entwicklungsperspektiven des Lizenzaustauschs in den Mitgliedsländern des RGW, AH 1980, Nr. 2, S. 18 f.

Sinicyn, V. — Na clužbe naučno-techničeskogo progressa (k 15 letiju V/O "Vneštechnika") [Im Dienst des wissenschaftlich-technischen Fortschritts (zum 15-jährigen Bestehen der V/O "Vneštechnika")], VT 1982, Nr. 10, S. 20 f.

Skripko, V.R. — O regulirovanii izobretatel'skich otnošenij special'nym zakonom (Über die Regulierung der Beziehungen im Erfindungswesen durch ein eigenes Gesetz), V.I. 1986, Nr. 8, S. 25 f.

Šmelev, N.P. — (Hrsg.) Ekonomičeskie otnošenija stran SEV s Zapadom (Die wirtschaftlichen Beziehungen der RGW-Länder mit dem Westen), Moskau 1983

Smirnov, G.I. — Ob utočnenii ponjatija "promyšlennyj obrazec" (Über die Präzisierung des Begriffs "gewerbliches Muster"), V.I. 1987, Nr. 9, S. 36 f.

Smirnov, Ju.N. — Patentno-licenzionnaja rabota i eksport sovetskich licenzij (Patent- und Lizenzarbeit und der Export sowjetischer Lizenzen), V.I. 1982, Nr. 5, S. 9 f.

Smirnov, P.S. — Sovetskoe Zakonodatel'stvo o vnešnetorgovych dogovorach (Die sowjetische Gesetzgebung über Außenhandelsverträge), Moskau 1983 (kand. diss.)

Smirnov, P.S. — Dogovor proizvodstvennoj kooperacii (Der Vertrag der Produktionskooperation), MSP, 1986, Vyp. 37, S. 14 f.

Smirnov, P. — Sovmestnye predprijatija na territorii SSSR (pervye dogovory i razvitie pravovogo regulirovanija) [Gemeinschaftsunternehmen auf dem Gebiet der UdSSR (erste Verträge und die Entwicklung der rechtlichen Regelung)], V.I. 1988, Nr. 1, S. 47 f.

Smirnov, V.T.; Tolstoj, Ju.K.; Jurčenko, A.K. — Sovetskoe graždanskoe pravo, Bd. 1 (Das sowjetische Zivilrecht), Leningrad 1982

Smirnow, P. — Gemeinschaftsunternehmen auf dem Territorium der UdSSR, AH 1987, Nr. 9, S. 42 f.

Sowjetisches Patent- und Lizenzwesen, VDI-Berichte, Düsseldorf 1975

Stefanovskij, D. Sozdanie sekcii no voprosam kačestva eksportnoj produkcii pri TPP SSSR (Die Einrichtung einer Abteilung für Qualitätsfragen der Exporterzeugnisse bei der Handels-und Industriekammer der UdSSR), VT 1986, Nr. 6, S. 47

Straus, Joseph Stand der Vereinheitlichungsbemühungen der sozialistischen Länder auf dem Gebiet des Erfindungsschutzes, GRUR Int. 1979, S. 13 f.

Štumpf, Gerbert Dogovor o peredače nou-chau (Der Know-how-Vertrag), Moskau 1976 (russische Übersetzung des deutschen Originals)

Stumpf, Herbert Der Know-how-Vertrag, Heidelberg 1970

Stumpf, Herbert Der Lizenzvertrag, Heidelberg 1984, 5. Auflage

Stumpf, Herbert Ost-West-Schiedsgerichtsbarkeit: Schiedsgerichte mit Sitz in dritten Ländern, RIW 1987, S. 821 f.

Svjadosc, Ju.I. Licenzionnyj dogovor (Der Lizenzvertrag), Moskau 1979

Svjadosc, Ju.I. Patentno-pravovye problemy ochrany sovetskogo eksporta (Patentrechtliche Probleme des Schutzes des sowjetischen Exports), Moskau 1980 (dokt. diss.)

Svjadosc, Ju.I. Pravovye voprosy v licenzionnych dogovorach (Rechtsfragen in Lizenzverträgen), V.I. 1980, Nr. 6, S. 14 f.

Svjadosc, Ju.I. Pravovaja ochrana naučno-techničeskich dostiženij i sovetskij eksport (Der Rechtsschutz wissenschaftlich-technischer Errungenschaften und der sowjetische Export), Moskau 1986

Svjadosc, Ju.I.	Pravovye voprosy, svjazannye s perestroikoj mechanizma vnešneekonomičeskoj dejatel'nosti SSSR (Rechtsfragen, verbunden mit dem Umbau des Mechanismus der außenwirtschaftlichen Tätigkeit der UdSSR), V.I. 1987, Nr. 6, S. 26 f.
Svod Zakonov SSSR, Moskau	1986, 11 Bände (Gesetzessammlung der UdSSR) Loseblattsammlung
Tarchov, V.A.	Otvetstvennost' po sovetskomy pravu (Die Haftung nach sowjetischem Recht), Saratov 1973
Uschakow, Alexander	Integration im RGW (COMECON), Baden-Baden 1983, 2. Auflage
Vas'kin, V.V.	Vidy ubytkov po zakonu (Die Schadensarten nach dem Gesetz), SGiP 1976, Nr. 2, S. 46 f.
Vecrinks, I.	(Hrsg.) Voprosy pravovoj ochrany tvorčeskich dostiženij v nauke i proizvodstve (Fragen des rechtlichen Schutzes schöpferischer Errungenschaften in Wissenschaft und Produktion), Riga 1986
Venezkij, V.S.	Dogovory o sozdanii i ispol'zovanii novych techničeskich rešenij (Die Verträge über Erarbeitung und Nutzung neuer technischer Lösungen), V.I. 1970, Nr. 12, S. 59 f.
Vida, Alexander	Les contrats de licence en droit socialiste, Budapest 1978
Vida, Alexander	Das Warenzeichen in der Wirtschaft der sozialistischen Länder, Köln 1987
Volkov, A.S.; Kravec, L.G.; Kuskov, A.N.; Lukanin, V.A.	Sostojanie i perspektivy obespečenija predprijatij i organizacij patentnoj informaciej (Stand und Perspektiven der Patentinformationsversorgung von Betrieben und Organisationen), V.I. 1986, Nr. 8, S. 47 f.

Vorob-eva, O.V. — Pravovye otnošenija meždu sovetskimi organizacijami voznikajuščie pri osuščestvlenii meždunarodnogo naučno-techničeskogo sotrudničestva (Rechtsbeziehungen zwischen sowjetischen Organisationen bei der Durchführung internationaler wissenschaftlich-technischer Zusammenarbeit), Moskau 1979 (kand. diss.)

Voznessenskaja, N.N. — Sovmestnye predprijatija s učastiem firm kapitalističeskich i rasvivajuščichsja stran na territorii SSSR (Gemeinschaftsunternehmen mit Beteiligung von Firmen aus kapitalistischen und Entwicklungsländern auf dem Gebiet der UdSSR), SGiP 1988, Nr. 1, S. 117 f.

Wablat, Wolfgang — Das sowjetische Warenzeichenrecht, München 1981

Walter, Doris — Das Entdeckerwesen. Eine Besonderheit des sowjetischen Rechts, München 1987

Warmbold, Jens — Grundzüge eines einheitlichen Privatrechts für den Ost-West-Handel, Tübingen 1980

Wienert, Helgard; Slater, John — East-West Technology Transfer. The Trade and Economic Aspects, Paris 1986

Wilke, Kay-Michael — Das Doppelbesteuerungsabkommen Bundesrepublik Deutschland-UdSSR, ROW 1982, S. 161 f.

Zakon SSSR o gosudarstvennom predprijatii (ob-edinenii) (Gesetz der UdSSR über das staatliche Unternehmen (die staatliche Vereinigung)), Moskau 1988

Zakonodatel'stvo SSSR po izobretatel'stvu (Gesetzgebung der UdSSR zum Erfindungswesen) (Zusammenstellung: Kurepina, V.M., Bel'skaja, A.B., Lichovickaja, M.Ju.), Bd. 1, Moskau 1981; Bd. 2, Moskau 1982; Bd. 3, Moskau 1982

Ženichov, M.; Matveeva, N, — Rol' reklamy v razvitii eksporta (Die Rolle der Werbung in der Entwicklung des Exports), VT 1987, Nr. 9, S. 32 f.

Zenin, I.A. — Licenzionnyj dogovor na izobretenija i nou-chau (Der Lizenzvertrag über Erfindungen und Know-how), SGiP 1983, Nr. 6, S. 54 f.

Zenin, I.A. — Pravo na promyšlennyj obrazec (Das Recht am gewerblichen Muster), SGiP 1986, Nr. 1, S. 78 f.

Zenin, I.A. — Rezension von Meždunarodnaja peredača technologii, Hrsg. Boguslavskij, SGiP 1987, Nr. 4, S. 153 f.

Zerebrovskij, B.; Ponomarev, A. — Sotrudničestvo s zapadnymi firmami na kompensacionnoj osnove v prošedšej pjatiletke (Die Zusammenarbeit mit westlichen Firmen auf Kompensationsbasis im vergangenen Jahrfünft), VT 1986, Nr. 10, S. 18 f.

Zivs, S.L. — Istočniki prava (Die Quellen des Rechts), Moskau 1981

Zubarev, V.F.; Il'in, V.I. — Sotrudničestvo socialističeskich stran v oblasti izobretatel'stva i nekotorye voprosy ego soveršenstvovanija (Die Zusammenarbeit der sozialistischen Länder im Bereich des Erfindungswesens und einige Fragen der Vervollkommnung der Zusammenarbeit), V.I. 1984, Nr. 12, S. 17 f.

Zykin, I.S. — Obyčaj i obyknovenija v meždunarodnoj torgovle (Usancen und Gewohnheiten im internationalen Handel), Moskau 1982

1. Abschnitt: Allgemeine Grundlagen

A. Untersuchungsgegenstand der Arbeit

I. Einleitung, Ziel der Arbeit

Die traditionelle Form der internationalen Wirtschaftsbeziehungen ist der Warenaustausch. In jüngerer Vergangenheit hat die neue Form des Technologietransfers zunehmend Bedeutung erlangt. Die Übermittlung von Wissen anstelle fertiger Waren erlaubt es, Zollschranken und andere Handelshindernisse zu überwinden. Der Exporteur von Wissen erspart sich Transportwege, Absatznetz und Kundendienst. Beim Importeur fallen die Entwicklungskosten für das Produkt weg[1].

Für die alte Form des Warenaustauschs bestehen in den verschiedenen nationalen Rechtssystemen differenzierte rechtliche Regelungen und eine umfangreiche Praxis der Rechtsprechung. Demgegenüber gibt es viele Lücken und Unklarheiten bei der rechtlichen Regelung der Rolle schöpferischer Leistungen im Wirtschaftsverkehr. Der Lizenzvertrag, das wichtigste rechtliche Mittel dazu, ist weder in der Bundesrepublik, noch in der Sowjetunion gesetzlich als Typenvertrag geregelt. Weltweit bestehen solche Regelungen nur in wenigen Ländern (wie z.B. in der DDR).

Dadurch ist eine große Rechtsunsicherheit gegeben, der in der Praxis dadurch Rechnung getragen wird, daß in den Lizenzverträgen möglichst ausführlich und vollständig die zu erwartenden Probleme geregelt

---

1) Vgl. Gorodisskij, S. 9 f., 19.

werden. Das gelingt aber oft nicht und nicht immer lassen sich Meinungsverschiedenheiten durch Verhandlungen lösen. Kommt es dann zu einer gerichtlichen oder schiedsgerichtlichen Auseinandersetzung, so stellt sich die Frage, wie bestimmte Probleme in dem Recht, das im jeweiligen Fall anwendbar ist, gelöst werden. Die vorliegende Arbeit untersucht, wie weit im sowjetischen Recht über die Rechtslage der Lizenzverträge im Bereich des Technologietransfers Klarheit besteht.

II. Themenabgrenzung und Strukturierung der Arbeit

1. Anwendungsbereich von Lizenzverträgen im sowjetischen Recht

In folgenden Bereichen spielen Lizenzverträge eine Rolle:

- im Erfinderrecht (Art. 522 GK RSFSR[2])
- im Warenzeichenrecht (§ 29 der Warenzeichenverordnung[3])
- im Recht der gewerblichen Muster (§ 30 der Verordnung über gewerbliche Muster[4])
- im Urheberrecht (Art. 503 GK RSFSR).

Der urheberrechtliche Bereich ist wegen der hier gewählten Beschränkung auf den Technologietransfer nur insoweit relevant, als Vertragsgegenstände dem

---

2) Das Zivilgesetzbuch der RSFSR wird folgend immer stellvertretend für die Zivilgesetzbücher der anderen Unionsrepubliken zitiert.

3) Neueste Fassung in Bjul. NAM SSSR 1988, Nr. 1, S. 11 f.

4) SP SSSR 1981, Nr. 19, st. 114.

Schutz sowjetischen Urheberrechts unterfallen können.

Lizenzverträge oder Lizenzklauseln können auch Bestandteile von anderen Verträgen sein. In Verträgen über Anlagenkäufe[5] und in Kooperationsverträgen[6] finden sich entsprechende Regelungen, ebenso in Verträgen zur Gründung gemeinsamer Unternehmen mit Beteiligung von Firmen aus sozialistischen oder kapitalistischen Ländern[7].

2. Lizenzähnliche Verträge

Im sowjetischen Recht finden sich auch Verträge mit ähnlichem Regelungsbereich wie die Lizenzverträge. Es handelt sich dabei um Verträge zur Übergabe wissenschaftlich-technischer Errungenschaften innerhalb der Sowjetunion und um Verträge im Bereich der Forschung zur Gewinnung neuen Wissens, die nach sowjetischem Recht innerhalb der Sowjetunion zwischen sowjetischen Unternehmen möglich sind. Hier gibt es auch Diskussionen zur Frage, inwieweit diese Verträge als Lizenzverträge angesehen werden können[8].

Dieses Nebeneinander von Lizenzverträgen und Verträgen im Bereich des wissenschaftlich-technischen

---

5) Dazu allgemein Boguslavskij, 1985, S. 186 f. und Moecke, RIW 1983, S. 488 f.

6) Dazu allgemein Boguslavskij, kooperacija, 1982 und 1985, S. 182 f. und Moecke, AWD 1973, S. 64 f. und 1971, S. 258 f.

7) S.u. 3. Abschn., D, I, 2, d.

8) Vgl. z.B. Azimov, S. 25 f.

Fortschritts ist die Folge einer Besonderheit des sowjetischen Erfinderrechts: Anders als in den westlichen, d.h. kapitalistischen, Rechtssystemen, erhält in der Sowjetunion prinzipiell der Staat das Ausschlußrecht an Erfindungen und die sowjetischen Unternehmen dürfen sie frei, also ohne Abschluß von Lizenzverträgen, nutzen. In der Sowjetunion gilt der Grundsatz der Aneignungsunfähigkeit von Wissen[9].

Dadurch hatte bis vor kurzem der Lizenzvertrag im Technologiebereich praktische Bedeutung fast nur für Außenhandelsgeschäfte. Entsprechend wird er in der Literatur als Außenhandelsgeschäft charakterisiert[10].

Die gegenwärtige Reformpolitik hat diese Situation geändert, als Anfang 1987 Gemeinschaftsunternehmen in der Sowjetunion zugelassen wurden. Diese Unternehmen können als juristische Personen sowjetischen Rechts Inhaber von Patenten in der Sowjetunion und anderen Ländern sein und mit einer sowjetischen Partei und Parteien anderer Länder Lizenzverträge schließen[11].

Zur Zeit wird in der Sowjetunion an einer Neuregelung des Erfinderrechts gearbeitet. In diesem Zusammenhang wird über Ausschlußrechte für die sowjetischen Unternehmen diskutiert[12], in denen die Erfindungen

9) Vgl. z.B. Balz, S. 245, 246.

10) Vgl. z.B. Gorodisskij, S. 38.

11) §§ 12, 27 in SP SSSR 1987, Nr. 8, st. 38 und §§ 11, 24 in SP SSSR 1987, Nr. 9, st. 40; näher s.u. 3. Abschn., D, I, 2, d.

12) S.u., 2. Abschn., D, VI.

gemacht werden. Sollte man sich für solche Ausschlußrechte entscheiden, dann würde der Anwendungsbereich des Lizenzvertrags sich stark erweitern.

Teilweise wird das Verhältnis zwischen Staat und dem sowjetischen Unternehmen, das eine sowjetische Erfindung nutzt, als kostenlose Lizenz interpretiert[13].

Streit um das Vorliegen eines Lizenzvertrags gibt es auch im Verhältnis zwischen einer Außenhandelsorganisation und einem sowjetischen Unternehmen, das Inhaber eines ausländischen Patents ist, wenn die Außenhandelsorganisation einen Lizenzvertrag über dieses Patent im eigenen Namen abschließt[14].

3. Lizenzverträge im Spannungsfeld sozialistischer und kapitalistischer Rechtsordnungen

Neben dem oben angedeuteten Bereich der lizenzähnlichen Verträge gibt es für den westlichen Betrachter im sowjetischen Recht noch eine zweite grundlegende Besonderheit, die bei der Untersuchung zu berücksichtigen ist: der nach Meinung der sozialistischen Rechtsdoktrin bestehende qualitative Unterschied zwischen sozialistischen und kapitalistischen Rechtssystemen[15].

---

13) Ostrat, V.I. 1987, Nr. 9, S. 28 f. (29).

14) Vgl. Svjadosc, 1980, S. 180 f.; s. auch 3. Abschn., D, II, 2.

15) Näher dazu Manow, Bd. 4, S. 9 f.; Pfaff, 1968.

In der Praxis hat das dazu geführt, daß sich für die Rechtsbeziehungen der sozialistischen Länder ein ganzer Komplex von Normen entwickelt hat, die in Teilbereichen auch für die Lizenzverträge zwischen sozialistischen Partnern relevant sind oder durch analoge Anwendung relevant werden könnten[16].
In der sowjetischen Literatur werden Lizenzverträge teilweise getrennt abgehandelt nach Verträgen, die zwischen kapitalistischen und sozialistischen Partner bestehen und solchen mit nur sozialistischen Partnern[17]. Am weitesten in dieser Unterscheidung geht eine Meinung aus der DDR, die begriffliche Konsequenzen ziehen möchte (Lizenzverträge zwischen sozialistischen Partnern als "Austauschvertrag") und den von ihr so bezeichneten "kapitalistischen" Lizenzvertrag als völlig ungeeignet ansieht für die Regelung sozialistischer internationaler Austauschbeziehungen[18].

4. Die Bedeutung der einzelnen Rechtsbereiche für den Aufbau der Arbeit

Die meiste Beachtung in der sowjetischen Literatur finden die internationalen Lizenzverträge. Sie stehen entsprechend ihrer praktischen Bedeutung auch im Mittelpunkt der Arbeit.

---

16) S.u. 3. Abschn., B.

17) Z.B. Boguslavskij, 1963, S. 18 f., S. 162 f.; ders., 1985, S. 30, S. 152 f., Vorob-eva, ebenda, S. 198 f.

18) Osterland, Humml, RiA 1970, Nr. 3, S. 1 (3).

Da aus den innersowjetischen Verträgen im Bereich des wissenschaftlich-technischen Fortschritts keine weiteren Erkenntnisse für die rechtliche Behandlung der Lizenzverträge zu entnehmen sind[19], werden sie nur knapp zur Veranschaulichung der sowjetischen Besonderheiten bei der Regelung des inländischen Technologietransfers dargestellt.

Die Verträge in den anderen Bereichen spielen entweder keine praktische Rolle, oder es wird in der Literatur bei entsprechenden Problemen auf die Literatur zum internationalen Lizenzvertrag verwiesen.

B. Methodische Fragen

Da es um die Darstellung sowjetischen Rechts geht, sind auch die sowjetischen Grundsätze der Rechtsanwendung heranzuziehen.

Methodische Überlegungen zur Rechtsvergleichung sind nicht nötig. Eine Nähe zur Rechtsvergleichung kommt zwar dann ins Spiel, wenn man von Problemen und Lösungen im eigenen Rechtssystem ausgeht, um entsprechende Lösungen im fremden System aufzufinden. Da die Untersuchung ausschließlich im sowjetischen Recht stattfindet, ist ein Vergleichsmaßstab oder ein gemeinsamer Bezugspunkt im Verhältnis zum bundesdeutschen Recht aber nicht erforderlich. Der Blick ins Rechtssystem der Bundesrepublik dient nur dazu, Anregungen zu erhalten.

19) S.u., 1. Abschn., F, II, 2.

C. Der theoretische Hintergund der Erfassung von wissenschaftlich-technischen und künstlerischen Ideen im sowjetischen Recht

Durch Lizenzverträge wird die Nutzung von wissenschaftlich-technischem und künstlerischem Wissen geregelt. Deshalb ist es von großer Bedeutung, in welcher juristischen Form dieses Wissen erfaßt und zum Gegenstand rechtlicher Beziehungen wird. Eine wichtige Vorfrage bei der Wahl der adäquaten juristischen Erfassung des Wissens betrifft dessen Eigenschaften. Die diesbezüglichen Überlegungen und Folgerungen in der sowjetischen Literatur sind wichtig für das Verständnis, die Einordnung und die Tragweite folgender Probleme:

- die Frage nach der Rechtsnatur des Lizenzvertrags,
- die Möglichkeit von Patentbeziehungen innerhalb der Sowjetunion,
- die Unterscheidung zwischen Lizenzvertrag und Übergabevertrag,
- die Entwicklung entgeltlicher Lizenzbeziehungen zwischen sozialistischen Partnern,
- das Ausschlußrecht des Staats an Erfindungen.

Zu diesem Verständnis reicht es aus, die Überlegungen von Dozorcev, einem der Hauptbeteiligten an dieser Diskussion, kurz wiederzugeben[20].

20) Eine kritische Auseinandersetzung, auch mit anderen Meinungen dazu, würde den Rahmen der Arbeit überschreiten. Für weitere Nachweise vgl. Balz, S. 35 f.

I. Bedeutung und Eigenschaften von Wissen im Marxismus-Leninismus

Als Ausgangspunkt vertritt Dozorcev die These, daß durch die wissenschaftlich-technische Revolution die beiden klassischen Elemente der Produktivkräfte, die gegenständlichen und die menschlichen Produktionsmittel, durch ein drittes Element, das wissenschaftlich-technische Wissen ergänzt worden seien[21]. Bestimmungsfaktoren für die rechtliche Regelung von Wissen seien seine Eigenschaften, die folgenderweise beschrieben werden: Wissen sei nicht materiell, gleichzeitig überall nutzbar, es habe unmittelbar gesellschaftlichen Charakter, sei unverbrauchbar, unterliege keiner Abnutzung. Wissen sei von der Form seiner Verkörperung zu unterscheiden[22].

Diese Gesichtspunkte tauchen bei späteren Problemen wieder auf, z.B. bei der Frage nach der Rechtsnatur des Lizenzvertrags.

II. Die sowjetische Deutung der rechtlichen Erfassung des Wissens im kapitalistischen Rechtssystem

Solange die Produktivkräfte noch kein bestimmtes Niveau erreicht hatten, habe das Wissen noch nicht am Wirtschaftskreislauf teilgenommen, so daß bis

21) Dozorcev, 1978, S. 12.

22) Ebenda, S. 12 f.

dahin keine rechtliche Regelung notwendig gewesen sei[23].

Nach der technischen Weiterentwicklung seien rechtliche Formen nötig geworden, die die Teilnahme des Wissens am Wirtschaftskreislauf ermöglichten, da Wissen zu einem Produktionsfaktor geworden sei. Unter den Bedingungen des Kapitalismus sei dabei das Wissen dem Einzelnen zugeordnet worden. Die rechtliche Regelung im Vermögensbereich sei durch die rechtliche Regelung für die materiellen Gegenstände bestimmt - im wesentlichen durch das absolute Eigentumsrecht, von dem sich relative Rechte ableiteten. Die zur Begründung absoluter Rechte notwendige Abgrenzbarkeit des Wissens habe man durch Anknüpfung an dessen gegenständlicher Darstellung erreicht. Auf juristischer Ebene sei also das Wissen mit den materiellen Gegenständen in eine Reihe gestellt worden. Dozorcev unterscheidet bei der rechtlichen Erfassung zwei Gruppen von Wissen:

- In der ersten Gruppe beziehe sich der Schutz nicht auf die Idee, sondern deren Verkörperung, z.B. bei Kunstwerken.
- Bei der zweiten Gruppe handle es sich um den kleinen Teil wissenschaftlich-technischer Ideen, deren Inhalt in einer bestimmten Form dargestellt sei und einer bestimmten Definition entspreche, z.B. Erfindungen.

Im Kapitalismus habe man also die juristische Struktur des absoluten und relativen Rechts, die

23) Ebenda, S. 10.

für materielle Gegenstände entwickelt worden sei, auf das Immaterialgut Wissen angewendet.

III. Die sowjetische Kritik an der kapitalistischen Regelung und die sozialistische Regelung

Hier weist Dozorcev auf einen Widerspruch hin, den er in der privaten Aneignung von Ideen und deren gesellschaftlichem Charakter sieht. Die Anwendung des Eigentumsmodells auf das Wissen durch die Anerkennung eines Ausschlußrechts sei künstlich[24], die Regelung "indirekt", da an die Verkörperung des Wissens und nicht an das Wissen selbst anknüpfend. Die Funktion des Ausschlußrechts bestehe darin, die Verbreitung von Wissen entgegen seinem gesellschaftlichen Charakter zu verhindern.

Der beschriebene Widerspruch könne nur durch den Sozialismus gelöst werden, weil dessen Produktionsbeziehungen dem gegenwärtigen Stand der Entwicklung der Produktivkräfte entsprächen[25]. Die sozialistische Wirtschaft würde, anders als die kapitalistische, die schnelle Einführung neuer wissenschaftlich-technischer Errungenschaften auf breiter Front bewirken[26], begünstigt durch Staatseigentum und Planung in der Wirtschaft und auch den Umstand, daß die Warenbeziehungen im Sozialismus nicht in allen Bereichen bestünden. Wissen, das allgemeinen Charakter

24) Ebenda, S. 16.

25) Ebenda, S. 18.

26) Zum praktischen Gehalt dieser Behauptung vgl. 2. Abschn., D, III, 1.

habe und nicht auf eine konkrete Anwendungsmöglichkeit ausgerichtet sei, habe keinen Wert, weil es nach seiner Erarbeitung unbeschränkt weiterverwendet werden könne und ein gesellschaftlich notwendiger Arbeitsaufwand nicht zu ermitteln sei[27]. Deshalb sei es seinem Wesen nach keine Ware und habe nur die Eigenschaft, bei bestimmten Bedingungen Warenform anzunehmen[28].

Entsprechend gebe es im Sozialismus auch keine indirekte oder zweistufige Regelung, d.h. kein absolutes Recht auf der ersten Stufe mit daran anknüpfenden relativen Rechten auf der zweiten Stufe[29], sondern die relativen Rechte beruhten nur auf einer faktischen Beherrschung und seien unmittelbar auf eine faktische Übergabe und nicht auf eine Verfügung über ein absolutes Recht gerichtet[30].

D. Die Quellen des sowjetischen Rechts[31]

Die kurze Darstellung geht nur soweit, wie es zur Einordnung des zu verarbeitenden Rechtsmaterials unbedingt notwendig ist.

---

27) Ebenda, S. 18 f., vgl. auch Balz, S. 35 f. m.w.N.; ausführlich zum Wert, Gebrauchswert und Preis von Erfindungen: Dozorcev, 1969, S. 65 f.; kurze Zusammenfassung der Diskussion bei Dement'ev, V.I. 1988, Nr. 1, S. 17 f.; vgl. auch Litvak, V.I. 1988, Nr. 1, S. 12 f.

28) Dozorcev, 1978, S. 21.

29) Ebenda, S. 23.

30) Ebenda, S. 23.

31) Vgl. dazu: Lucas; Manow, Bd. 1, S. 412 f.

I. Normativakte als einzige allgemein anerkannte Rechtsquelle

Die Normativakte können wie folgt eingeteilt werden:

- Gesetze der Sowjetunion, der Republiken und der autonomen Republiken,
- Erlasse des Präsidiums des Obersten Sowjets der UdSSR, der Republiken und der autonomen Republiken,
- untergesetzliche Rechtsakte der Staatsorgane,
- staatlich sanktionierte Akte von Kooperativen und anderen gesellschaftlichen Organisationen[32].

Gewohnheitsrecht wird nicht als Rechtsquelle anerkannt. Erst wenn sein Inhalt in die Form einer Rechtsnorm gebracht worden ist, wird es zu Recht[33].

II. Gerichtsurteile, Schiedsgerichtssprüche und Rechtswissenschaft

Gerichtsurteile und Schiedsgerichtssprüche sind keine Rechtsquellen, spiegeln aber die Anwendung der Gesetze wider und haben insoweit Bedeutung[34]. Nicht mit Rechtsprechung zu verwechseln ist die

32) Verdnikov in Rjasencev, 1986, S. 30; vgl. auch Geilke und Lucas, S. 93 f.

33) Lucas, S. 52 f.

34) Pozdnjakov, 1985, S.18; ders., 1987, S. 8; Rjasencev, 1986, S. 39 f.

"Erläuterung" (raz-jasnenie) zu Fragen der Gesetzesanwendung, die von den obersten Rechtsanwendungsorganen der Sowjetunion erlassen werden kann. Hier handelt es sich um eine Rechtsnorm[35].

Die Rechtswissenschaft zählt ebenfalls nicht zu den Rechtsquellen[36].

III. Handelsbräuche

Darunter ist eine einheitliche Praxis zu verstehen, die sich im Wirtschaftsverkehr gebildet hat[37]. Sie haben große Bedeutung im internationalen Handel. In der allgemeinen zivilrechtlichen Literatur werden sie nicht bei den Rechtsquellen aufgeführt[38]. In der Verfahrensordnung des Schiedsgerichts bei der Handels- und Industriekammer der UdSSR[39] und in verschiedenen Gesetzen wird auf Handelsbräuche Bezug genommen[40]. Für den Bereich des sowjetischen internationalen Privatrechts werden die Handelsbräuche

---

35) Pozdnjakov, 1987, S. 9.

36) Z.B. Rjasencev, a.a.O., S. 45 f., 30 f.

37) Pozdnjakov, 1987, S. 10; ausführlich: Zykin, 1961, S. 52 f.

38) Vgl. z.B. Jakovleev, S. 39; Rjasencev, a.a.O., S. 30 f.; Maslov, Puškin, Bd. 1, S. 45.

39) § 12, Fundstelle in: MSP, 1982, Vyp. 33, S. 42 f.; neue Satzung in V.I. 1988, Nr. 4, S. 55.

40) Z.B. Art. 134, 135 Kodeks torgovogo moreplavanija SSSR und Art. 168 GK RSFSR.

von maßgeblichen Wissenschaftlern als Rechtsquellen angesehen[41].

Nach dem Statut der Handels- und Industriekammer der UdSSR[42] werden von ihr Anfragen nach dem Bestehen von Handelsbräuchen in der Sowjetunion beantwortet[43].

IV. Die Rolle von Musterverträgen und Vertragsmustern

Eine Besonderheit des sowjetischen Rechts besteht darin, daß durch dazu ermächtigte Organe Musterverträge (tipovye dogovory) erlassen werden können, die dann verbindlich sind und Rechtsquellencharakter haben. Sie haben große praktische Bedeutung[44].

Davon zu unterscheiden sind die Vertragsmuster (primernye dogovory), die nur empfehlenden Charakter haben[45].

---

41) Sadikov, 1984, S. 139; Boguslavskij, 1982, S. 66 f.; zu Problemen in diesem Bereich: Zykin, S. 14 f., Rozenberg, MSP, 1986, Vyp. 37, S. 3 f. (9 f., 12 f.).

42) Punkt 7 n in VT 1984, Nr. 7, S. 52 f.

43) Siehe auch Pozdnjakov, 1985, S. 22.

44) Kabalkin, in: Rjasencev, a.a.O., S. 455.

45) Ebenda, S. 457; kurz dazu auch Pechtl (im urheberrechtlichen Bereich), S. 88. Zur Frage des Verhältnisses der Rechtsquellen zueinander: Manow, 1974, Bd. 1, S. 436 f.; Maslov, Puškin, Bd. 1, S. 37 f.

E. Lizenzverträge im System des sowjetischen Zivilrechts, Klassifizierungselemente

Die folgende, skizzenhafte Darstellung zeigt Einordnungsmöglichkeiten des Lizenzvertrags im sowjetischen Rechtssystem und schafft begriffliche Klarheit in Bezug auf die Klassifizierungselemente.

Aus der Darstellung ergeben sich erste Hinweise auf die Rechtsnatur des Lizenzvertrags.

I. Lizenzverträge als Zivilrechtsverhältnisse

Lizenzverträge sind Zivilrechtsverhältnisse[46] und werden charakterisiert durch die Begriffe Subjekt, Gegenstand und Inhalt.

Subjekte sind die durch das Rechtsverhältnis Berechtigten und Verpflichteten. Inhalt des Vertrags sind die aus ihm folgenden subjektiven Rechte und Pflichten. Gegenstand ist das Gut, auf das die subjektiven Rechte und Pflichten gerichtet sind. Das können sein: Sachen, Handlungen, persönliche Nichtvermögensgüter und Ergebnisse geistiger und intellektueller Schöpfungen[47].

Weitere Klassifizierungsmöglichkeiten sind gegeben durch die Begriffspaare vermögensrechtliche - nichtvermögensrechtliche, absolute - relative Rechte, dingliche - schuldrechtliche Rechte.

---

46) Definition bei Maslov, Puškin, Bd. 1, S. 86 f.

47) Verdnikov, in: Rjasencev, a.a.O., S. 75, 76.

II. Lizenzverträge und die Typenverträge der Zivilgesetzbücher

Im Zivilgesetzbuch der RSFSR sind zahlreiche Vertragstypen geregelt, darunter aber nicht der Lizenzvertrag. Diese Vertragstypen werden in der sowjetischen Rechtswissenschaft wiederum zu Gruppen zusammengefaßt. Darin liegt auch eine Möglichkeit, der Antwort auf die Frage nach der Rechtsnatur der Lizenzverträge näher zu kommen. Bei Rjasencev wird das so ausgedrückt, daß die Klassifizierung erlaube, ähnliche Regelungen verschiedener wirtschaftlicher Beziehungen zu erkennen, weitere Vervollkommnung und Systematisierung der Gesetzgebung ermögliche und dem Ziel der besseren Erforschung der Verträge diene[48]. Hier findet sich auch eine Einteilung der bürgerlich-rechtlichen Verträge in zwölf Gruppen. Eine Gruppe bilden dabei Verträge zur Schaffung eines Werkes der Wissenschaft, Literatur oder der Kunst und zur Übergabe zur Nutzung des Werkes (Urheberrechtsverträge). Eine weitere Gruppe bilden Verträge zur Gewährung von Nutzungsrechten für patentierte Erfindungen oder für die Übergabe wissenschaftlich-technischer Errungenschaften[49]. Schon daraus kann man eine gewisse Verwandtschaft zwischen

48) Kabalkin, in: Rjasencev, a.a.O., S. 457.

49) Ebenda, S. 457, 458.

Lizenzverträgen und innersowjetischen Übergabeverträgen entnehmen[50].

F. Lizenzverträge in der Praxis

I. Lizenzverträge und lizenzähnliche Verträge in der Wirtschaft

Der Technologietransfer innerhalb der RGW-Länder erfolgte bis in die sechziger Jahre hinein unentgeltlich, d.h. es wurden nur die Kosten für die Übergabe des Wissens und nicht die Erarbeitungskosten in Rechnung gestellt. Nach sowjetischen Angaben sollen dabei innerhalb der RGW-Länder wissenschaftlich-technische Dokumentationen im Wert von 15 Milliarden Dollar übergeben worden sein[51]. Ende der sechziger Jahre begannen die RGW-Länder, untereinander entgeltliche Lizenzverträge abzuschließen[52].

Mit den kapitalistischen Ländern hat dieser Austausch Mitte der sechziger Jahre angefangen[53]. Das den Technologietransfer zwischen Ost und West

---

50) Zur entgegengesetzten sowjetischen Auffassung, mit kritischer Stellungnahme: s.o., 2. Abschn., D, III, 3 und IV; zu weiteren Klassifizierungsmöglichkeiten, die den Lizenzvertrag allerdings nicht ausdrücklich berücksichtigen: Ioffe, S. 24 f.; Maslov, Puškin, Bd. 1, S. 406 f.

51) Šmelev, S. 168.

52) Smirnov, Ju.N., V.I. 1982, Nr. 5, S. 9 f. (13).

53) Šmelev, S. 169; Brada, in: Parrot, S. 15.

betreffende Zahlenmaterial ist dürftig[54]. In der sowjetischen Informationspolitik in diesem Bereich spielen Prestigegesichtspunkte eine große Rolle. Man wendet sich besonders gegen den Eindruck, daß eine technologische Einbahnstraße von West nach Ost vorliege[55]. Nach östlichen Quellen macht der Wertanteil der gekauften Lizenzen 2-3 % des Imports der RGW-Länder aus. Bis 1976 habe man etwa 700 Lizenzen in den Westen verkauft, davon etwa 350 ab 1971. Zur gleichen Zeit seien 1200 Lizenzen im Westen gekauft worden[56]. Bis 1985 habe die Sowjetunion für über 1500 Erfindungen Lizenzverträge abgeschlossen, davon 100 im Jahre 1983[57].

Im Bereich der gewerblichen Muster spielen Lizenzverträge im Außenhandel in der Praxis kaum eine Rolle[58].

Anders ist die Situation im Warenzeichenrecht. Es ist der bisher einzige Bereich, in dem der Lizenzver-

54) Ebenda; Bornstein, S. 58.

55) Vgl. z.B. Interview eines Mitarbeiters des Außenhandelsministeriums, wo dieser unter anderem ausführt, daß die Sowjetunion 1982-1987 dreimal mehr Lizenzen in die USA verkauft habe als umgekehrt, in Zeitungsartikel: Kak my torguem licenzijami, in: Argumenty i fakty, 1987, Nr. 49. Insgesamt ist aus der neueren Literatur aber eine beträchtliche Verbesserung der Informationspolitik zu entnehmen.

56) Šmelev, S. 176.

57) Peskov, V.I. 1985, Nr. 2, S. 16 f.; zu Problemen von Reformvorschlägen in diesem Feld: Muchopad, VT 1987, Nr. 3, S. 43 f.

58) Rekomendacii, S. 9.

trag in der sowjetischen Binnenwirtschaft eine praktische Bedeutung hat[59].

Zunehmende Bedeutung für die wirtschaftliche Zusammenarbeit erlangen die Kooperationsverträge im Bereich Wissenschaft und Technik und in der Produktion[60]. Seit den sechziger Jahren ist hier ein ständiger Zuwachs zu verzeichnen[61].

Mit der seit Januar 1987 bestehenden Möglichkeit, in der Sowjetunion Gemeinschaftsunternehmen mit ausländischer Beteiligung zu gründen, ist der Anwendungsbereich für Lizenzverträge erweitert worden. Hier bleibt die Entwicklung abzuwarten. Im Januar 1988 waren etwa 17 Gründungsverträge mit kapitalistischer Beteiligung beim sowjetischen Finanzministerium registriert[62].

---

59) Beispiel bei Lovjagin, in: Mironov, S. 195. Im internationalen Bereich werden Warenzeichenlizenzen üblicherweise in Verbindung mit Lizenzverträgen für Erfindungen und Know-how vergeben.

60) Dazu allgemein Boguslavskij, kooperacija, 1982; vgl. auch von Lingelsheim-Seibicke, S. VII, 1 f. und (ausführlich) Beck, S. 267 f. und Lange-Prollius, S. 55 f.; zur Regelung des Rechtsschutzes von Erfindungen, gewerblichen Mustern und Warenzeichen bei Kooperation vgl. Bjul. NAM SSSR 1981, Nr. 11, S. 37 f. oder V.I. 1981, Nr. 1, S. 50 f.

61) Zahlen bei Boguslavskij, 1985, S. 182 f. Zur Produktionskooperation: Smirnov, P.S., MSP, 1986, Vyp. 37, S. 14 f.

62) Mündliche Auskunft von Frau Vosnessenskaja, Mitarbeiterin des IGPAN.

Innerhalb der Sowjetunion haben Lizenzverträge noch kaum praktische Bedeutung[63]. Demgegenüber spielen die Übergabeverträge in der sowjetischen Wirtschaft eine wichtige Rolle.

II. Gerichts- und Schiedsgerichtspraxis

1. Lizenzverträge

Internationale Lizenzverträge enthalten in der Regel Schiedsgerichtsklauseln[64]. Streitigkeiten werden jedoch meist auf dem Verhandlungsweg beigelegt. Wenn es doch zu einer schiedsgerichtlichen Auseinandersetzung kommt, werden oft Vergleiche geschlossen. Das Schiedsgericht bei der Handels- und Industriekammer der UdSSR[65] hat bis jetzt keine Schiedssprüche veröffentlicht, die spezifische Lizenzprobleme zum Gegenstand hatten. Es gibt aber Veröffentlichungen von Schiedssprüchen über andere Außenhandelsverträge mit Ausführungen zu Rechtsfragen, die auch für Lizenzverträge relevant sind.

2. Lizenzähnliche Verträge

Eine Spruchpraxis von staatlichen Schiedsgerichten für Übergabeverträge innerhalb der Sowjetunion

---

63) Beachte aber die Neuregelung unten, 2. Abschn., D, VI.

64) Zacharova, in: Boguslavskij, 1980, S. 272.

65) Näher s.u., 3. Abschn., O, I.

existiert zwar[66], ist aber nicht allgemein zugänglich und betrifft Spezialregelungen, die nur auf diese Verträge anwendbar sind, so daß eine analoge Anwendung ausgeschlossen ist[67].

Soweit ersichtlich gibt es auch in der sowjetischen Literatur keine Versuche, die Spruchpraxis bezüglich der innersowjetischen Übergabeverträge für die Probleme der Lizenzverträge fruchtbar zu machen.

3. Folgen

Es zeigt sich, daß keine sowjetische gerichtliche Praxis besteht, die zu spezifischen Rechtsproblemen der Lizenzverträge Stellung nimmt. Ebensowenig hilft die Spruchpraxis der staatlichen Schiedsgerichte weiter. Eine Reihe von Problemen des allgemeinen Schuldrechts ist in sowjetischen Schiedssprüchen zu Außenhandelsverträgen behandelt. Für die Ermittlung der Rechtslage bei spezifischen Problemen des Lizenzvertrags ist man somit auf die - spärlichen - Ausführungen der sowjetischen Rechtswissenschaft angewiesen.

---

66) Vgl. z.B. Azimov, S. 70, 87, 99, 103, 105.

67) Mündliche Auskunft von Frau Vorob-eva, Mitarbeiterin des IGPAN. Boguslavskij, 1982, S. 94, betont, daß bei einer Verweisung ins sowjetische Recht die allgemeinen Normen anzuwenden seien und nicht diejenigen, die speziell zur Regelung der Verhältnisse zwischen sowjetischen Wirtschaftsorganisationen erlassen worden seien. Vgl. dazu ders. und Pozdnjakov, in: Pozdnjakov, 1970, S. 30, m.w.N.

2. Abschnitt: Grundlagen der Nutzung von Erfindungen

A. Das Erfinderrecht[1] als Grundlage des Lizenzvertrags

I. Rechtsgrundlagen

In der neuen Verfassung der Sowjetunion vom 7. Oktober 1977 sind in Art. 47 Abs. 2 erstmals die Rechte der Erfinder als kulturelle Grundrechte festgelegt[2].

Eine nähere Regelung des Erfinderrechts findet sich in Art. 3, 4, 9 der Grundlagen der Zivilgesetzgebung und insbesondere in Art. 110-116 dieses Gesetzes (eigener Teil für das Erfinderrecht), ebenso in den Zivilgesetzbüchern der Unionsrepubliken - für die RSFSR in Abschnitt VI des Zivilgesetzbuchs, Art. 520-526.

Eine differenzierte Regelung liegt vor in der Verordnung über Entdeckungen, Erfindungen und Rationalisierungsvorschläge vom 21.8.1973 i.d.F.v.

---

1) Dazu grundlegend Antimonov, Flejšic; Balz, S. 145 f.; Rjasencev, 1987, S. 485 f.; kurzer Überblick: Prachov, S. 15 f.; zur systematischen Stellung im sowjetischen Recht: Mironov, Mamiofa, V.I. 1985, Nr. 6, S. 19 f.

2) Westen, in: Fincke, Art. 47, Rdn. 4; Dietz, ebenda, Art. 47, Rdn. 42.

28.12.1978[3]. Zur Regelung von Einzelfragen gibt es noch eine Flut von Normen[4].

Auf internationaler Ebene ist die Pariser Verbandsübereinkunft, der die Sowjetunion am 1.7.1965 beigetreten ist[5], von großer Bedeutung. Die PVÜ hat durch die Festlegung des Inländergleichbehandlungsgrundsatzes und der besonderen Voraussetzungen für die Sicherung der Verbandspriorität starken Einfluß auf die Gestaltung des sowjetischen Erfinderrechts[6].

II. Urheberschein und Patent: das zweispurige System des sowjetischen Erfinderrechts

1. Der Erfindungsbegriff und seine Abgrenzung zum Rationalisierungsvorschlag und zur Entdeckung

Nach § 21 der Erfinderverordnung wird als Erfindung eine neue und wesentliche Unterscheidungsmerkmale aufweisende technische Lösung einer Aufgabe auf jedem Gebiet der Volkswirtschaft, des sozialen und kulturellen Aufbaus oder der Landesverteidigung

---

3) SP SSSR 1979, Nr.4, st. 17; Überblick über die historische Entwicklung der Regelungen des Erfinderrechts bei Balz, S. 92 f.; kurzer Abriß der Entwicklung bei Dietz, a.a.O., Art. 47, Rdn. 65 ff., unter Rdn. 40, 41 weitergehende Literaturhinweise.

4) Vgl. z.B. Zakonodatel'stvo, Bd. 1-3.

5) Ebenda, Bd. 3, S. 124.

6) Siehe dazu Boguslavskij, 1967. Einen knappen Überblick über die internationalen Abkommen, an denen die Sowjetunion im erfinderrechtlichen Bereich beteiligt ist, gibt Mironov, S. 197 f.

anerkannt, die einen positiven Effekt erbringt[7]. Für das Neuheitskriterium gilt der Weltmaßstab. Demgegenüber genügt für die Anerkennung einer technischen Lösung als Rationalisierungsvorschlag die Neuheit auf Betriebsebene (§ 63 der Erfinderverordnung)[8].

Im Bereich der Grundlagenforschung werden als Besonderheit im sowjetischen Recht Leistungen als "Entdeckung" anerkannt, wenn sie bislang unbekannte Gegebenheiten der Natur aufdecken und den Stand der Wissenschaft grundlegend verändern[9].

Jährlich werden in der Sowjetunion etwa 70-80.000 Erfindungen und etwa fünf Millionen Rationalisierungsvorschläge angemeldet[10].

2. Der Urheberschein

Nach § 23 der Erfinderverordnung besteht bei der Anmeldung grundsätzlich das Wahlrecht, entweder einen Urheberschein oder ein Patent zu beantragen.

Dabei gilt im sowjetischen Recht das Prinzip, daß nur der wirkliche Erfinder oder sein Erbe einen

7) Zitiert nach der auszugsweisen deutschen Übersetzung in: Sowjetrussisches Patent- und Lizenzwesen, S. 41; zur Rechtsstellung des Erfinders: Baru, S. 48 f., S. 58 f.

8) Dazu Vecrinks, S. 29 f.

9) Dazu ausführlich, mit Abgrenzung zur Erfindung: Walter, S. 1, S. 28 f., S. 46 f.

10) Zubarev, Il'in, V.I., 1984, Nr. 12, S. 17 f. (22).

Urheberschein und der wirkliche Erfinder oder sein Rechtsnachfolger ein Patent bekommen kann (§ 40 der Erfinderverordnung). Eine sowjetische juristische Person kann jedenfalls keinen Urheberschein und kein Patent beantragen[11]. Die Unternehmen, in denen z.B. die Erfindung gemacht wurde, bekommen lediglich nach § 62 der Erfinderverordnung eine diesbezügliche Bescheinigung. Rechte sind damit nicht verbunden[12].

Der Urheberschein bezeugt die Urheberschaft des Erfinders und die Priorität. Der Erfinder erhält unter den Voraussetzungen von § 110 der Erfinderverordnung einen Anspruch auf eine einmalige Förderprämie. Bei der Nutzung der Erfindung fällt eine weitere Vergütung an (§ 111 der Erfinderverordnung)[13].

Nachdem die Sowjetunion über die PVÜ an den Grundsatz der Inländerbehandlung gebunden ist, wäre es naheliegend gewesen, auch ausländischen juristischen Personen keine Urheberscheine zu erteilen[14]. In der Praxis bekommen aber diese juristischen Personen - contra legem[15] - Urheberscheine, wobei der Name des wirklichen Erfinders im Urheberschein

11) Balz, S. 185.

12) Mamiofa, V.I. 1974, Nr. 3, 13 f. (17); Mironov, V.I. 1987, Nr. 2, S. 7 f. (10).

13) Zu Mißständen bei der Auszahlung der Vergütung: Gorbačeva, V.I. 1988, Nr. 3, S. 36 f.

14) Vgl. Balz, S. 186.

15) Vgl. Wortlaut von § 26 der Erfinderverordnung.

erwähnt wird[16]. Die Sowjetunion trägt damit den Regelungen im Ausland Rechnung, die z.B. einen Übergang der Erfinderrechte vom Arbeitnehmererfinder auf den Arbeitgeber vorsehen[17].

Mit der Wahl eines Urheberscheins bei der Anmeldung wird festgelegt, daß dem Staat das Ausschlußrecht an der Erfindung zusteht (§§ 26, 23 der Erfinderverordnung). Im Unterschied zum Patent ist der Urheberschein zeitlich unbegrenzt gültig ab Eingang der Anmeldung (§ 26 Abs. 1 und Abs. 2 Satz 1 der Erfinderverordnung). Mit der Novellierung der Verordnung vom 28.12.1978 ist aber die Neuerung eingeführt worden, daß das Ausschlußrecht des Staats nur noch 15 Jahre wirkt, im Gegensatz zu früher, wo keine zeitliche Grenze festgesetzt war (§ 26 Abs. 2 Satz 2 der Verordnung).

3. Das Patent

Wählt der Erfinder bei Anmeldung ein Patent, so wird damit ebenso wie beim Urheberschein die Urheberschaft an der Erfindung und die Priorität festgelegt. Im Unterschied zum Urheberschein erhält aber hier der Erfinder das Ausschlußrecht und nicht der Staat (§ 30 der Erfinderverordnung). Die Gültigkeitsdauer des Patents ist auf 15 Jahre begrenzt (§ 31 Abs. 1 der Erfinderverordnung). In § 32 Abs. 1 ist festgelegt, daß auf Antrag des Erfinders, der gleichzeitig Patentinhaber ist, oder auf gemeinsamen Antrag von

---

16) Hiance, Plasseraud, S. 81, zitiert nach Äußerung v. Šatrov; dazu auch Dozorcev, 1969, S. 38.

17) Vgl. Balz, S. 186.

Patentinhaber und Erfinder, das Patent gegen einen Urheberschein eingetauscht werden kann[18].

Der Gehalt des sowjetischen Patentrechts unterscheidet sich stark vom Gehalt entsprechender Rechte in kapitalistischen Gesellschaftssystemen, weil in der Sowjetunion die wirtschaftliche Betätigung Privater und damit die eigene Verwertungsmöglichkeit von Patentrechten sehr eingeschränkt ist. Eine Verwertung durch den Patentinhaber kann z.B. durch die Tätigkeit als Kleingewerbetreibender[19] oder, wenn es sich um eine ausländische Firma handelt, durch Lieferung von patentgeschützten Waren an sowjetische Außenhandelsorganisationen erfolgen[20]. Neuerdings ist für ausländische Firmen die Produktion von patentierten Waren in der Sowjetunion über die Beteiligung an Gemeinschaftsunternehmen möglich geworden.

Das ändert nichts an der gegenwärtigen Lage, daß sich die Bedeutung eines Patents für den Inhaber im wesentlichen auf die Verfügungsmöglichkeit durch Abtretung oder Lizenzierung beschränkt[21].

---

18) Vgl. auch entsprechende Instruktion in Zakonodatel'stva, Bd. 1, S. 289 oder in Bjul.NAM SSSR 1975, Nr. 4.

19) Die gegenwärtigen Reformen in der sowjetischen Wirtschaft zielen auf eine Ausweitung dieser Möglichkeit, vgl. z.B. das Gesetz zur individuellen Arbeitstätigkeit in VVS SSSR 1986, Nr. 47, st. 946 in Verbindung mit VVS SSSR 1988, Nr. 11, st. 174, S. 182.

20) Rassochin, V.I. 1984, Nr. 6, S. 16 f. (18).

21) Dazu auch kurz Walter, S. 23 f.; Rassochin, 1970, S. 5.

4. Das Wahlrecht zwischen Urheberschein und Patent

In § 23 Abs. 1 der Erfinderverordnung ist für den Erfinder ein Wahlrecht zwischen Urheberschein und Patent festgelegt. Es wird jedoch durch die konkrete Ausgestaltung in den §§ 22 f. der Erfinderverordnung so sehr eingeschränkt, daß es kaum praktische Bedeutung hat.

Für eine Reihe von Erfindungen werden überhaupt nur Urheberscheine ausgestellt. Darunter fallen z.B. chemisch hergestellte Stoffe und Heilmittel (§ 25 der Erfinderverordnung). Von großer praktischer Bedeutung ist § 24, der festlegt, daß für Erfindungen, die im Zusammenhang mit der Arbeit des Erfinders in staatlichen, genossenschaftlichen oder gesellschaftlichen Unternehmen, Organisationen oder Instituten gemacht wurden, nur Urheberscheine erteilt werden. Das betrifft mehr als 90 % der Erfindungen in der Sowjetunion[22].

Darüberhinaus gibt es Verfahrensregelungen, die den Urheberscheininhaber gegenüber einem Patentinhaber begünstigen. Z.B. werden nur für Patente Anmelde- und Bekanntmachungsgebühren erhoben (§ 9 der Erfinderverordnung) und endet der Patentschutz bei Nichtzahlung der Jahresgebühr (§ 31), während beim Urheberschein keine Gebühr zu zahlen ist usw.[23].

---

22) Mironov, V.I. 1987, Nr. 2, S. 7 f. (9).

23) Überblick bei Dietz, GRUR Int. 1976, S. 139 f. (140, 141); Aktualisierung von Dietz bei Walter, S. 26.

Wegen der Möglichkeit, Lizenzverträge zu Weltmarktpreisen abzuschließen, wird sich der Ausländer bei der Anmeldung einer Erfindung in der Sowjetunion in der Regel für das Patent entscheiden. Unter bestimmten Voraussetzungen kann aber auch für einen Ausländer der Urheberschein günstiger als das Patent sein[24]. Um Zweifel zur Frage zu vermeiden, ob mit einem erteilten Urheberschein die Sowjetunion auch das Recht für sich beanspruchen wird, die Erfindung im Ausland zu verwerten, könnten Ausländer sich gegenüber der sowjetischen Antragsbehörde die Verwertung im Ausland vorbehalten[25]. In der sowjetischen Literatur wird aber darauf hingewiesen, daß der Sowjetunion ein solches Verwertungsrecht nicht zustehe[26].

Aus den geschilderten Regelungen kann man nur den Schluß ziehen, daß es sich beim Wahlrecht um eine fast inhaltslose Form handelt und daß die Ausgestaltung darauf abzielt, dem sowjetischen Erfinder nur die Möglichkeit des Urheberscheins zu lassen. Im Ergebnis liegt damit eine Zweiteilung vor: Urheberschein für Inländer, Patent für Ausländer.

Zur Praxis: 1982 wurden in der Sowjetunion für 71.800 Erfindungen Urheberscheine ausgegeben und für 1800 Erfindungen Patente an ausländische Antragsteller[27]. Insgesamt bestehen in der Sowjetunion

---

24) Balz, S. 189.

25) Vgl. Balz, S. 190.

26) Mamiofa, in: Mironov, S. 110, Fußn. 1; vgl. auch Moecke, OER 1967, S. 127 f. (140).

27) V.I. 1983, Nr. 6, S. 62.

für Erfindungen und gewerbliche Muster etwa 10.000 Patente[28].

5. Gründe und Hintergründe für die dargelegte Ausgestaltung des sowjetischen Erfinderrechts[29]

Die Ausgestaltung des Wahlrechts zwischen Urheberschein und Patent legt die Frage nahe, wieso dieser Formenaufwand betrieben wird. Warum wird nicht einfach festgelegt, daß sowjetische Erfinder nur Urheberscheine und ausländische Rechtspersonen nur Patente erwerben können? Weitere Fragen lauten: Warum besteht ein staatliches Ausschlußrecht nach Erteilung eines Urheberscheins? Wozu ist diese Konstruktion nötig, wo doch innerhalb der Sowjetunion der Grundsatz der Aneignungsunfähigkeit von Wissen gilt?

Die diesbezüglichen Antworten und Erklärungsversuche ergeben sich zum einen aus der Teilnahme der Sowjetunion am internationalen Wirtschaftsverkehr, zum anderen aus nationalen ideologischen Erwägungen, und erhellen gleichzeitig den Hintergrund für den im Vergleich zu westlichen Rechtssystemen unterschiedlichen Anwendungsbereich der Lizenzverträge im sowjetischen Recht.

---

28) Mamiofa, in: Mironov, S. 133. Er spricht von "vergleichsweise wenig" Patenten, gibt aber keine Erklärung für diese überraschend kleine Zahl.

29) Dazu allgemein für sozialistische Länder: Pretnar, GRUR Int. 1986, S. 1 f. (8 f.).

a) Auf internationaler Ebene

Das Erfinderrecht ist für die Sowjetunion ein wichtiges Mittel, den technologischen Austausch mit den kapitalistischen Ländern zu fördern. Das Patent (für ausländische Anmelder und theoretisch auch für sowjetische Erfinder mit begrifflicher Ausgestaltung, die weitgehend derjenigen westlicher Länder entspricht) soll Ausländer anziehen[30].

Damit können aber nicht das Wahlrecht zwischen Patent und Urheberschein und das staatliche Ausschlußrecht erklärt werden.

Der hierzu gängige Erklärungsversuch setzt bei der PVÜ an. In der Stockholmer Fassung der PVÜ vom 14. Juli 1967 wurde in Art. 4 J I anerkannt, daß auch durch die Beantragung eines Urheberscheins die Verbandspriorität gesichert werden kann. Voraussetzung dafür ist aber das Bestehen eines Wahlrechts zwischen Patent und Urheberschein für den Antragsteller.

Darüberhinaus bemühen sich die sozialistischen Staaten darum, daß der Urheberschein allgemein als ein dem Patent gleichwertiges Schutzdokument in Art. 1 Abs. 2 der PVÜ aufgenommen werde[31]. Sie argumentieren, daß es sich um zwei juristisch identische Formen des Schutzes der Rechte an einer Erfindung handele. Ein Unterschied bestehe nur in der Inhaber-

30) Vgl. Balz, S. 212.

31) Dazu Dietz, GRUR Int. 1976, S. 139 f. (143).

schaft des Ausschlußrechts[32]. In der sowjetischen Literatur gibt man auch zu, daß die behauptete begriffliche Strukturgleichheit von Patent und staatlichem Ausschlußrecht vor allem als Rechtfertigung für die Gleichstellung von Urheberschein und Patent in der PVÜ diene[33].

b) Auf nationaler Ebene

Soeben wurde gezeigt, wie die Kluft zwischen den theoretisch möglichen Rechtsformen und den im sowjetischen Recht praktisch relevanten aus internationalem Blickwinkel erklärt werden kann. Dem Patent, das ja nach sowjetischer Auffassung keine der Natur des Wissens entsprechende Rechtsform darstellt[34], wurde trotzdem eine zumindest dogmatisch dem Urheberschein entsprechende Rolle im sowjetischen Erfinderrecht zugebilligt. In der Tatsache aber, daß es das Patent auch schon vor dem Beitritt der Sowjetunion zur PVÜ im sowjetischen Erfinderrecht gab, zeigt sich, daß mit der Beschreibung der Zwänge aus dem PVÜ-Beitritt nur ein Teilaspekt des Problems abgedeckt ist. Für die Vorteile auf internationaler Ebene (Verbesserung der rechtlichen Voraussetzungen für den technologischen Austausch) muß die Sowjetunion auf nationaler Ebene einen Preis zahlen, der sich in dogmatischen und ideologischen Problemen niederschlägt.

---

32) Vgl. z.B. Boguslavskij, V.I. 1967, Nr. 12, S. 5 f. (7).

33) Rassochin, zitiert nach Balz, S. 214, Fußn. 425.

34) Siehe 1. Absch., C, III.

Als Beleg sei die Diskussion um das Ausschlußrecht des Staates beim Urheberschein angeführt, die vor der Novellierung der Erfinderverordnung von 1973 in der Sowjetunion geführt worden ist. Insbesondere Mamiofa wies darauf hin, daß das Ausschlußrecht, als juristischer Ausdruck der Warenform, entsprechend der oben dargelegten Rechtsnatur der Erfindung, nicht nötig sei[35]. Rassochin versuchte es als notwendige Voraussetzung für die Patentierung sowjetischer Erfindungen im Ausland durch den sowjetischen Staat darzustellen[36]. Dem steht aber entgegen, daß Ausschlußrechte im Inland nichts mit einer Berechtigung zur Patentierung im Ausland zu tun haben[37].

Noch eine weitere Funktion des Ausschlußrechts wird angeführt: Nach Dozorcev soll die Sowjetunion Schadensersatz oder den Abschluß eines Lizenzvertrages verlangen können, wenn das staatliche Ausschlußrecht durch Importgüter verletzt wird. Die Außenhandelsorganisation könne in diesen Fällen versuchen, Preisabschläge zu erhalten. Soweit ersichtlich, hat diese Möglichkeit aber keine praktische Bedeutung[38].

Schließlich hat das staatliche Ausschlußrecht durch die vor kurzem erfolgte Zulassung von Gemeinschaftsunternehmen in der Sowjetunion Bedeutung gewonnen

---

35) Vgl. Mamiofa, zitiert nach Balz, S. 175; dazu allgemein auch Rassudovskij, Pravovedenie 1984, Nr. 5, S. 81 f.

36) In V.I. 1984, Nr. 6, S. 16 f. (20) und V.I. 1969, Nr. 5, S. 12 f. (15).

37) Balz, S. 176.

38) Vgl. Dozorcev, 1969, S. 24; vgl. auch Balz, S. 176.

als dogmatische Grundlage für die Vergabe von sowjetischen Lizenzen an die Unternehmen für urheberscheingeschützte Erfindungen[39].

Abschließend sei noch ein rechtspolitischer Aspekt der zweispurigen Ausgestaltung des sowjetischen Erfinderrechts erwähnt, auf den Balz hinweist: Bei Einführung entgeltlicher Lizenzbeziehungen zwischen sowjetischen Unternehmen lasse sich diese Änderung als bloßer Übergang des staatlichen Ausschlußrechts an einer Erfindung in die operative Verwaltung des Unternehmens deuten. Daß damit auch ein ideologischer Bruch einhergeht, indem die Aneignung der Erfindung durch Einzelunternehmen zugelassen wird, wird dann verschleiert, weil die nötigen Rechtsformen bereits vorhanden sind. Eine Änderung der Antragsvoraussetzungen für ein Patent würde ausreichen[40].

6. Folgen für den Anwendungsbereich der Lizenzverträge im Erfinderrecht

Urheberscheingeschützte Erfindungen werden in der Sowjetunion so gut wie ausschließlich von staatlichen, gesellschaftlichen und genossenschaftlichen Unternehmen genutzt, ohne daß eine spezielle Erlaubnis

39) Zu dieser Frage s.u. 3. Abschn. D, I, 2, d.

40) Vgl. Balz, S. 210 f. Die Neuregelung für einen Teilbereich der innersowjetischen Übergabeverträge weist in diese Richtung, s.u., 2. Abschn. D, VI.

nötig wäre. Man kann in dieser Regelung eine allgemeine kostenlose Lizenz sehen[41].

Patentgeschützte Erfindungen dürfen nur über Lizenzverträge von Dritten genutzt werden. Sowjetische Patentinhaber sind, wie oben gezeigt, kaum vorhanden, so daß Patentlizenzverträge in der Praxis so gut wie immer eine ausländische Partei haben. Daran ändert auch die Möglichkeit nichts, daß sowjetische Unternehmen zwar nicht unmittelbar durch Antrag, aber z.B. durch Kauf von Ausländern Patente erwerben können[42], da diese Möglichkeit, soweit ersichtlich, keine praktische Bedeutung hat.

Damit verläuft in der Praxis bei der Nutzung in der Sowjetunion geschützter Erfindungen die Grenze zwischen Lizenzvertrag und freier Nutzung aufgrund Urheberschein ebenso wie bei Patent und Urheberschein: Lizenzverträge werden mit ausländischen Patentinhabern geschlossen, sowjetische Erfindungen werden frei genutzt, der Erfinder erhält nur eine Erfindervergütung. Der Beziehung Lizenzgeber-Lizenznehmer wird dabei von der sowjetischen Rechtswissenschaft eine völlig andere Qualität zugemessen, als der Beziehung Staat - sowjetisches Nutzungsunternehmen.

Die Diskussionen darum, ob das staatliche Ausschlußrecht an der Erfindung abgeleitet oder originär sei und ob die Erfindervergütung als "Entgelt" für die Erfindung angesehen werden könne[43], zeigen aber,

41) Z.B. Rassochin, V.I. 1969, Nr. 5, S. 12 f. (13).

42) Mamiofa, V.I. 1974, Nr. 3, S. 13 f. (18), sagt, es "sei nicht verboten".

43) Verneinend z.B. Dozorcev, 1969, S. 30.

daß Parallelen zum Lizenzvertrag bestehen, wenn man die Erfindervergütung, die bei Erteilung des Urheberscheins anfällt, als Entgelt für das vom Erfinder an den Staat übergebene (also abgeleitete) Ausschlußrecht an der Erfindung deutet[44].

Der oben skizzierte Anwendungsbereich der Lizenzverträge spiegelt sich auch in der Literatur wider: Lizenzverträge zwischen sowjetischen Partnern sind theoretisch möglich und werden auch erwähnt[45] - eine Auseinandersetzung mit Einzelproblemen erfolgte mangels praktischem Erfordernis nicht. Wenn der Lizenzvertrag in der Literatur behandelt wird, dann nur im internationalen Kontext, mit ausländischem Vertragspartner.

B. Das Recht der gewerblichen Muster als Grundlage des Lizenzvertrags

Dieser Rechtsbereich ist in der Verordnung über gewerbliche Muster geregelt[46]. Nach § 10 der Verordnung ist ein gewerbliches Muster eine neue künstlerische Konstruktionslösung, die den Anforderungen der technischen Ästhetik entspricht, die zur indivi-

---

44) Zur Diskussion um die Rechtsnatur der Erfindervergütung: Rassochin, 1970, S. 2 f.; Balz, S. 199 f. m.w.N.; zur Diskussion um die Entstehung des staatlichen Ausschlußrechts: Balz, S. 177 f.

45) Z.B. bei Antimonov, Flejšic, S. 181.

46) SP SSSR 1981, Nr. 19, st. 114; Überblick über die Entwicklung der Gesetzgebung: Zenin, SGiP 1986, Nr. 1, S. 78 f.; Überblick über relevante internationale Abkommen mit sowjetischer Beteiligung: Mironov, S. 197.

duellen Produktion geeignet ist und die einen positiven Effekt hat[47].

Die gesetzliche Regelung ist an der Erfinderverordnung ausgerichtet[48]. Die Schutzrechte sind zweispurig als "Schein" (svidetel'stvo) und Patent (patent) ausgestaltet. Diese Regelung entspricht im wesentlichen der erfinderrechtlichen[49].

Jährlich werden in der Sowjetunion 2500-2800 Anträge für Schutzrechte gestellt[50]. Der Anteil an den neu am Markt erscheinenden Erzeugnissen, der als gewerbliche Muster registriert wird, beträgt 20 %[51].

C. Das Warenzeichenrecht als Grundlage des Lizenzvertrags

Das Warenzeichen dient der Unterscheidung der Produkte verschiedener Unternehmen. Es ist in der

---

47) Näher zum Begriff: Smirnov, G.I., V.I. 1987, Nr. 9, S. 36 f.; Lovjagin, in: Mironov, S. 111 f. Das gewerbliche Muster entspricht in etwa dem bundesdeutschen Geschmacksmuster, vgl. z.B. Hubmann, S. 195 f.

48) Gavrilov, V.I. 1986, Nr. 10, S. 23 f. (23).

49) Lovjagin, a.a.O., S. 116; zur Frage der Vergütung für Scheininhaber: Sergeev, V.I. 1985, Nr. 9, S. 35 f.

50) Lovjagin, a.a.O., S. 111.

51) Rekomendacii, S. 8.

Warenzeichenverordnung vom 1. Mai 1974 geregelt[52].

Es gibt nur eine Schutzform in der Sowjetunion, die Warenzeichenurkunde (svidetel'stvo, § 4 der Warenzeichenverordnung), die das ausschließliche Nutzungsrecht des Inhabers bezeugt. Die Urkunde ist zehn Jahre gültig und kann verlängert werden (§ 24[1][53]). Der Warenzeicheninhaber ist verpflichtet, das Warenzeichen auch zu nutzen (§ 30).

Bis vor kurzem konnten neben Ausländern nur sowjetische juristische Personen Inhaber von Warenzeichen werden (§§ 8, 12). Im Rahmen der gegenwärtigen Wirtschaftsreform wurde die Warenzeichenverordnung erweitert und festgelegt, daß auch sowjetische natürliche Rechtspersonen, die auf der Grundlage des Gesetzes vom 1. Mai 1987 über individuelle Arbeitstätigkeit erwerbstätig sind, Warenzeicheninhaber werden können[54].

Zur Zeit sind in der Sowjetunion etwa 63.000 Warenzeichen registriert, davon mehr als 28.000 für

---

52) Neueste Fassung in Bjul. NAM SSSR 1988, Nr. 1, S. 11 f.; Überblick über Rechtsgrundlagen auch auf internationaler Ebene bei Gorlenko, Salenko, V.I. 1988, Nr. 1, S. 51 f. (52); Regelung der Nutzung von Warenzeichen beim Export sowjetischer Produkte in V.I. 1986, Nr. 11, S. 50 f., kurz zu Inhalt: Bodewig, GRUR Int. 1987, S. 60 f.; zur Warenzeichen-und Beschwerdepraxis des sowjetischen Patentamts: Dietz, GRUR Int. 1979, S. 136 f.

53) Die Paragraphenangabe mit hochgestellter Ziffer entspricht der sowjetischen Schreibweise.

54) Gesetzesänderung in V.I. 1987, Nr. 12, S. 59; dazu auch Gorlenko, Salenko, V.I. 1988, Nr. 1, S. 51 f. (52).

sowjetische Organisationen und Unternehmen[55].

D. Die sowjetische Regelung der Erzeugung und Verbreitung von wissenschaftlich-technischem Wissen

Im sowjetischen Recht gilt der Grundsatz der Aneignungsunfähigkeit von wissenschaftlich-technischem Wissen. Staatliche Unternehmen können grundsätzlich keine Ausschlußrechte erwerben[56] und demnach auch keine Patentlizenzen vergeben.
Demgegenüber hat in kapitalistischen Ländern das Lizenzvertrags- und Patentsystem für die Unternehmen und die gesamte Wirtschaft zwei wichtige Funktionen: Zum einen besteht ein Anreiz für die Unternehmen, für neue Erfindungen Geld zu investieren, also technologischen Fortschritt zu erzeugen, zum anderen ist die Möglichkeit der kommerziellen Verwertung gegeben, d.h. den technologischen Fortschritt zu verbreiten.

Für die Sowjetunion stellt sich damit die Frage, wie dort juristisch das Problem der Erzeugung und insbesondere der Verbreitung von neuer Technologie gelöst wird. Nach der Vergabe von Urheberscheinen an sowjetische Erfinder und der Möglichkeit freier Nutzung durch staatliche Unternehmen besteht das Problem, wie sowjetische Unternehmen in die Lage versetzt werden, die veröffentlichte, mit Urheberschein ausgestattete Erfindung zu nutzen. Meistens

55) Ebenda, S. 51.

56) Ausnahme s.o., 2. Abschn. A, II, 6.

ist Unterstützung seitens des Unternehmens nötig, in dem die Erfindung gemacht worden ist und das bereits über Erfahrung in der Anwendung verfügt. Hier rückt besonders der Vertrag zur Übergabe wissenschaftlich-technischer Errungenschaften ins Blickfeld, der innerhalb der Sowjetunion eine dem Lizenzvertrag im Außenhandel entsprechende Rolle spielt[57]. Es stellt sich dann die Frage nach dem Verhältnis der vertraglichen Regelungen des Technologietransfers der Sowjetunion im Binnen- und im Außenhandel.

Die Organisation der Erzeugung und der Verbreitung wissenschaftlich-technischen Wissens in der Sowjetunion und die Organisation des sowjetischen Lizenzhandels stehen in engem Zusammenhang. Deshalb ist ein knapper Überblick über die mit der Erzeugung und Verbreitung von Wissen in der Sowjetunion befaßten Stellen sinnvoll.

I. Die Träger der Erzeugung, Verbreitung[58] und Planung wissenschaftlich-technischen Wissens in der Sowjetunion

1. Das Staatskomitee für Wissenschaft und Technik (Gosudarstvennyj komitet SSSR po nauke i technike - GKNT)[59]

Es legt die Grundrichtung der Entwicklung von

57) Vgl. Namengenov, S. 149.

58) Allgemein dazu: Rassochin, 1985; Čubarenko, Salemov, Kolesnikov, 1985.

59) Zu den verschiedenen Ministerien: Buredin, Potapov, S. 27 f.

Wissenschaft und Technik fest. Es ist zuständig für die Erhöhung der Effektivität in der Forschung, für die Sicherung einer schnellen Einführung wissenschaftlich-technischer Errungenschaften in die Praxis, für die Organisation der Information über Wissenschaft und Forschung und für die Kontrolle der Einführung wissenschaftlich-technischer Errungenschaften. In den Beziehungen mit anderen Staaten ist es mit den Fragen der wissenschaftlich-technischen Kooperation befaßt[60] und neuerdings auch mit dem Kauf und Verkauf von Lizenzen[61].

2. Das Komitee für Erfindungen und Entdeckungen beim Staatskomitee für Wissenschaft und Technik (Komitet po delam izobretenij i otkrytij pri Gosudarstvennom Komitete SSSR po nauke i technike)

Das frühere Staatskomitee für Erfindungen und Entdeckungen (Gosudarstvennyj komitet SSSR po delam izobretenij i otkrytij[62]) ist vor kurzem dem Staatskomitee für Wissenschaft und Technik unterstellt

60) Kolodkin, in: Korenev, S. 293; Rechtsgrundlage des GKNT: SP SSSR 1966, Nr. 21, st. 193.

61) Wichtige neue Regelung zu den Aufgaben des GKNT: SP SSSR 1987, Nr. 34, st. 116, S. 691 f., insbesondere S. 703 f. i.V.m. SP RSFSR 1987, Nr. 17, st. 120.

62) Rechtsgrundlage: SP SSSR 1976, Nr. 23, st. 118; weitere wichtige Regelungen in der Erfinderverordnung, z.B. §§ 39 f., 82 f., der Verordnung über gewerbliche Muster und der Warenzeichenverordnung.

und entsprechend umbenannt worden[63]. Es ist für die allgemeine Entwicklung im Erfindungswesen und für die Nutzung von Entdeckungen, Erfindungen, gewerblichen Mustern und Warenzeichen zuständig.

Seine wichtigsten Aufgaben:

- Analyse des Zustands des Erfindungswesens, der Arbeit im Patent- und Lizenzbereich, insbesondere der Patentierung sowjetischer Erfindungen und gewerblichen Muster im Ausland,
- auf dieser Grundlage Vorbereitung von Vorschlägen zur Einführung der wichtigsten Erfindungen, Kontrolle dieser Einführung,
- Vergabe von Schutzrechten für Erfindungen, gewerbliche Muster und Warenzeichen (sowjetisches "Patentamt"),
- Erhöhung der Effektivität und Wahrung der staatlichen Interessen beim Schutzrechtserwerb im Ausland für Erfindungen, gewerbliche Muster und Warenzeichen,
- Unterstützung der Behörden und Unternehmen beim Schutzrechtserwerb im Ausland,
- Organisation der Patentinformation und Dienstleistungen bei Patentproblemen (z.B. zu Fragen der Patentierbarkeit, zu bereits bestehenden Patenten im In- und Ausland usw.)[64]

Dem Komitee für Entdeckungen und Erfindungen sind

63) Vgl. vorletzte Fußn., § 21 der Verordnung, vgl. auch VVS SSSR 1988, Nr. 1, st. 2 und Bodewig, GRUR Int. 1988, S. 455.

64) Überblick bei Mironov, S. 53 f. und bei Artem'ev, in: Rjasencev, 1984, S. 19 f. Diese Aufgaben bestanden, als das Komitee für Erfindungen und Entdeckungen noch selbständig war. Aus der jüngsten Regelung der Zuordnung zum GKNT ist aber keine neue Aufgabenverteilung zu entnehmen.

mehrere Organisationen unterstellt, die jeweils Teile der skizzierten Aufgabenbereiche wahrnehmen[65]:

a) das wissenschaftliche Allunionsforschungsinstitut der staatlichen Patentprüfung (Vsesojuznyj naučno-issledovatel'skij institut gosudarstvennoj patentnoj ekspertizy - VNIIGPE[66])

Seine wichtigste Aufgabe besteht in der Prüfung von Anträgen auf Schutzrechte für Erfindungen, gewerbliche Muster und Warenzeichen.

b) die wissenschaftliche Produktionsvereinigung "Poisk" (Naučno-proizvodstvennoe ob-edinenie "Poisk" - NPO "Poisk")

Sie steht an der Spitze des staatlichen Systems der Patentinformation in der Sowjetunion[67]. Dieses Informationssystem ist über die ganze Sowjetunion verzweigt und hat die Aufgabe, interessierten sowjetischen Unternehmen ausländische und nationale Patentschriften zugänglich zu machen[68].

---

65) Auch hier sind aus der Regelung der Zuordnung zum GKNT keine Änderungen zu entnehmen.

66) Dazu Binnikov, V.I. 1985 Nr. 7, S. 12 f.

67) Vgl. die Broschüre Gosudarstvennyj komitet SSSR po delam izobretenij i otkrytij.

68) Näher dazu Včerašnij, Proskurjakov, in: Rjasencev, 1984, S. 302 f.; wichtigste Rechtsgrundlagen in Zakonodatel'stva, Bd. 2, S. 384 f., vgl. auch V.I. 1987, Nr. 6, S. 55 f. und Nr. 7, S. 57; über Entwicklungen in diesem Feld:

Innerhalb der RGW-Staaten besteht eine enge Zusammenarbeit im Bereich der Patentinformation, die ebenfalls von der NPO "Poisk" geleitet wird[69].

Zu dieser Vereinigung gehören in der Sowjetunion das wissenschaftliche Allunionsforschungsinstitut für Patentinformation (Vsesojuznyj naučno-issledovatel'-skij institut patentnoj informacii - VNIIPI) und das polygraphische Produktionsunternehmen "Patent" (proizvodstvo-poligrafičeskoe predprijatie "Patent" - PPP "Patent"). Das Institut verbreitet Informationen über gewerbliche Schutzrechte aus dem Ausland und arbeitet an der Verbesserung des staatlichen Patentinformationssystems. Das Unternehmen ist mit der Vervielfältigung von Patentschriften und Informationsmaterial befaßt[70].

c) die Allunionsbibliothek für Patente und Technik (Vsesojuznaja patentno-techničeskaja biblioteka - VPTB)

Sie sammelt Patentschriften und Fachliteratur aus anderen Ländern und organisiert den internationalen

---

Šepin, Kravec, ..., V.I. 1987, Nr. 12, S. 29 f.; Michajlov, Vasil'ev, ..., V.I. 1987, Nr. 11, S. 31 f.; Kravec, Perel', V.I. 1986, Nr. 3, S. 32 f.; Boguslavskaja, Sal'covskij, ..., V.I. 1986, Nr. 1, S. 39 f.

69) Vgl. Broschüre, vorletzte Fußn. und Mironov, V.I. 1987, Nr. 5, S. 34 f.; Kuskov, V.I. 1986, Nr. 12, S. 22 f.; Volkov, Kravec, ..., V.I. 1986, Nr. 8, S. 47 f.; Gavrilov, V.I. 1985, Nr. 3, S. 16 f.

70) Vgl. Broschüre, Fußn. 67.

Austausch in diesem Bereich für die Sowjetunion[71].

d) das Allunionszentrum für Patentdienste (Vsesojuznyj centr patentnych uslug - VCPU)[72]

Diese Einrichtung hat 24 Filialen in der ganzen Sowjetunion. Sie erstellt Gutachten zu Fragen der Neuheit und "Patentreinheit"[73] und hilft bei der Zusammenstellung von Anmeldeunterlagen von Erfindungen, gewerblichen Mustern und Warenzeichen im In- und Ausland[74].

e) weitere Einrichtungen[75].

Als wichtigste seien erwähnt der Expertenrat (Ekspertnyj sovet), der Kontrollrat der wissenschaftlich-technischen Prüfung (Kontrol'nyj sovet naučno-techničeskoj ekspertizy), die mit Fragen zur Prüfung der Schutzrechtsfähigkeit befaßt sind, und der wissenschaftlich-technische Rat (Naučno-techničeskij

---

71) Mironov, S. 56; Morozov, V.I. 1986, Nr. 12, S. 29 f.

72) Allgemein dazu Kaljanin, V.I., 1987, Nr. 9, S. 52 f.

73) Russ.: patentnaja čistota, bedeutet, daß durch die Nutzung einer Erfindung in einem Land keine fremden Patente verletzt werden.

74) Ebenda, S. 52, 53.

75) Vgl. Mironov, S. 57 f.

sovet), der Empfehlungen zu wichtigen Fragen im Erfinderwesen gibt[76].

3. Gosplan[77]

Gosplan ist das Planungsministerium der Sowjetunion und zusammen mit dem Staatskomitee für Wissenschaft und Technik und dem Komitee für Erfindungen und Entdeckungen für die Planung im Erfindungswesen zuständig (vgl. §§ 89 f. der Erfinderverordnung[78]). Die Planung ist sehr detailliert. Sie erfaßt auch den Bereich Kauf und Verkauf von Lizenzen und beinhaltet hier besondere Schwierigkeiten bei der Koordinierung von Plan und Lizenzpraxis[79].

4. Die Akademie der Wissenschaften der UdSSR

Sie ist Gelehrtenkörperschaft und zugleich Glied des staatlichen Verwaltungsaufbaus. Ihr unterstehen die wichtigsten Institute der Grundlagenforschung. Mit dem Staatskomitee für Wissenschaft und Technik

---

76) Beachte auch die Bildung einer zwischenbehördlichen Kommission für Patent- und Lizenzfragen nach der Regelung in V.I. 1981, Nr. 6, S. 60 f.

77) Rechtsgrundlage in SP SSSR, 1982, Nr. 20, st. 102.

78) Genauer dazu Čubarenko, Salimov, Kolesnikov, S. 51 f. Aus der neuesten Regelung der Zuordnung des Komitees für Erfindungen und Entdeckungen zum GKNT sind zu dieser Frage keine Änderungen zu entnehmen.

79) Dazu Vorob-eva, S. 79 f.

entscheidet sie über vorrangige Entwicklungen von Ergebnissen der Grundlagenforschung[80].

5. Die Handels- und Industriekammer der UdSSR

Sie ist eine gesellschaftliche Organisation, der zur Zeit etwas mehr als 3000 Betriebe als Mitglieder angehören[81], die die wirtschaftlichen Beziehungen mit dem Ausland fördert (Aufgabenliste in § 7 ihres Statuts), außenhandelsberechtigt ist, und insbesondere beim Schutzrechtserwerb von Ausländern in der Sowjetunion und der Sowjetunion im Ausland eine wichtige Rolle spielt. Der Kammer ist die Allunionsvereinigung "Sojuspatent"[82] unterstellt, die 1985 gegründet wurde und einen Teil der erwähnten Aufgaben übernommen hat[83].

---

80) Balz, S. 240 m.w.N.

81) Pitowranow, AH 1987, Nr. 10, S. 11 f. (11); Pitovranov, VT 1987, Nr. 9, S. 15 f; siehe auch Drozdovskij, VT 1987, Nr. 4, S. 53; Pitovranov, VT 1986, Nr. 6, S. 2; Stefanovskij, VT 1986, Nr. 6, S. 47; Rechtsgrundlage in VT 1984, Nr. 7, S. 52 f., vgl. auch Verordnung in VT 1988, Nr. 3, Beiblatt.

82) Statut in VT 1986, Nr. 4, S. 52 f., dazu kurz Boguslavskij, VT 1986, Nr. 12, S. II f. (III), Bodewig, GRUR Int. 1987, S. 123.

83) Kalinowski, Kukrus, AH 1988, Nr. 2, S. 13 f. (15); auch kurz Pozdnjakov, 1987, S. 14; Statut der weiteren Unterorganisation "Sovincentr" in VT 1986, Nr. 10, S. 52 f.; dazu Drozdovskij, VT 1982, Nr. 12, S. 45 f.

6. Weitere Einrichtungen

Von Bedeutung in vielen Bereichen des Erfindungswesens ist die Allunionsgesellschaft der Erfinder und Rationalisierer (Vsesojusnoe obščestvo izobretatelej i racionalizatorov - VOIR)[84].

Mit der Erarbeitung neuen wissenschaftlich-technischen Wissens sind die Forschungs- und Entwicklungsinstitute befaßt, die teilweise als juristische Personen und teilweise ohne eigene Rechtspersönlichkeit als Abteilungen in Produktionsunternehmen und Universitäten organisiert sind[85].

Zur Erhöhung der Effektivität bei der Forschungsarbeit und bei der Einführung von Erfindungen wurden in den letzten Jahren "wissenschaftlich-technische Komplexe zwischen den Fachbereichen" (Mežotraslevye naučno-techničeskye kompleksy - MNTK) gegründet[86].

Dem gleichen Zweck dient die Gründung von Organisationen, die auf die Einführung neuer Technik spezialisiert sind[87].

---

84) Rechtsgrundlage in Zakonodatel'stva, Bd. 3, S. 92 f.; Beschreibung der Aufgaben bei Artem'ev, in: Rjasencev, 1984, S. 23 f.; Južina, V.I. 1987, Nr. 8, S. 31 f.

85) Balz, S. 241 m.w.N.

86) Dazu Kurakin, V.I. 1987, Nr. 8, S. 2 f.; Fedorov, Karavaev, V.I. 1987, Nr. 5, S. 7 f.

87) Dazu Muchamedšin, V.I. 1987, Nr. 6, S. 17 f.

II. Sowjetische Organisation des Erwerbs von Schutzrechten im Ausland und der Vergabe von Schutzrechten an ausländische Antragsteller in der Sowjetunion

Der Erwerb von Schutzrechten ist eine Vorstufe zum Lizenzvertrag. Die sich daran anschließende Frage nach dem sowjetischen Entscheidungsverfahren für den Kauf und Verkauf von Lizenzen wird später abgehandelt[88].

1. Die Patentierung sowjetischer Erfindungen im Ausland

a) Die Praxis

Bis zum Zweiten Weltkrieg ist die Sowjetunion als Exporteur von Maschinen und Ausrüstungsgegenständen praktisch nicht in Erscheinung getreten. Danach hat dieser Export ständig an Bedeutung gewonnen. Um ihn zu sichern und wegen der Möglichkeit, Patentlizenzverträge abzuschließen, die höhere Gewinne abwerfen als Lizenzverträge ohne Schutzrecht, ist die Sowjetunion heute bemüht, im Ausland verstärkt Patente anzumelden[89].

1985 waren sowjetische Erfindungen in mehr als 60 Ländern patentiert[90]. Anfang 1980 waren es 19.974 Patente, davon 85,4 % in kapitalistischen Ländern[91].

---

88) Vgl. 3. Abschn., D, III. und II.

89) Boguslavskij, in: Rjasencev, 1984, S. 217 f.

90) Peskov, V.I. 1985, Nr. 2, S. 16 f.

91) Svjadosc, 1980, S. 6.

Wie in den übrigen Bereichen der Erzeugung und Verbreitung des technischen Fortschritts gibt es auch hier zahlreiche Probleme. Z.B. nimmt seit Anfang der achtziger Jahre die Zahl der zur Patentierung im Ausland vorgeschlagenen Erfindungen ab[92]. 1986 wurden weniger als 1 % der in der Sowjetunion angemeldeten Erfindungen[93] für eine Patentierung im Ausland vorgesehen[94].

b) Das Verfahren

Die Auswahl der Erfindungen erfolgt durch die jeweiligen Unternehmen, zusammen mit dem vorgesetzten Ministerium. In den Unternehmen werden die nötigen innersowjetischen Dokumente vorbereitet. Dazu gehört der "Patentpaß" (patentnyj pasport), der vor allem Angaben über den Nutzen der Patentierung in einem bestimmten Land enthalten soll[95].

Die Dokumente werden dem Komitee für Erfindungen

---

92) Najaškov, V.I. 1986, Nr. 2, S. 2 f. (3).

93) Zahl der angemeldeten Erfindungen etwa 79.400, siehe ebenda.

94) Peskov, V.I. 1987, Nr. 7, S. 2 f., mit weiteren Problemen.

95) Muster für den Patentpaß in V.I. 1982, Nr. 3, S. 52 f.; zu den Rechtsgrundlagen der Patentierung im Ausland und neuesten Änderungen: kurzer Überblick bei Peskov, V.I. 1985, Nr. 2, S. 16 f. (17); weiter in V.I., 1987, Nr. 3, S. 56; 1986, Nr. 5, S. 61 f., Nr. 4, S. 47 f.; 1985, Nr. 2, S. 60 f.; 1983, Nr. 4, S. 44 f.; 1982, Nr. 3, S. 39 f.; vgl. auch Zusammenstellung in Zakonodatel'stva, Bd. 2, S. 58 f.; zu diesem Bereich auch Litvak, V.I. 1984, Nr. 5, S. 52 f.

und Entdeckungen vorgelegt. Es ist nach § 105 der Erfinderverordnung für die Genehmigung zuständig[96].

Für die Zusammenstellung der Anmeldeunterlagen für das jeweilige Land ist wieder das Unternehmen zuständig, das dabei gegebenenfalls vom Allunionszentrum für Patentdienste unterstützt wird.

Die Anmeldung erfolgt über die Handels- und Industriekammer, die die Unterlagen ins Ausland weiterleitet[97].

Durch das Abkommen über die gegenseitige Anerkennung der Urheberscheine und anderer Schutzdokumente für Erfindungen vom 18.12.1976 gelten für RGW-Länder besondere Regelungen[98].
Für die Länder, die dem Patent Cooperation Treaty beigetreten sind - die Sowjetunion am 1.6.1978 - gelten die entsprechenden Vereinfachungen für die Anmeldung[99].

Wachsende Bedeutung kommt der Patentierung von

---

96) Aus der oben, 2. Abschn., D, I, 1 und 2, genannten Neuregelung sind diesbezüglich keine Änderungen ersichtlich.

97) Vgl. insbesondere Punkt 14 des Statuts von Sojuspatent, das der Kammer unterstellt ist, in VT 1986, Nr. 4, S. 53.

98) Dazu Boguslavskij, in: Rjasencev, 1984, S. 263 f., mit Angabe darauf aufbauender Rechtsgrundlagen; Fundstelle des Abkommens in Zakonodatel'stva, Bd. 3, S. 199.

99) Englischer Text: Patent Cooperation Treaty, Geneva 1985; dazu Boguslavskij, ebenda, S. 255 f.

Erfindungen im Zusammenhang mit wirtschaftlicher oder wissenschaftlich-technischer Kooperation zu. Hier gibt es internationale Regelungen, die den Spielraum der Parteien bei Absprachen in zivilrechtlichen Verträgen einengen[100].

Ein wichtiger Prüfungspunkt beim Schutzrechtserwerb im Ausland wie auch beim Lizenzverkauf ist die Frage der "Patentreinheit". Sie fällt in den Aufgabenbereich der Unternehmen. Die wirtschaftliche Produktionsvereinigung "Poisk" ist den Unternehmen hier behilflich[101].

2. Die Patentierung ausländischer Erfindungen in der Sowjetunion

Für Ausländer ist zu beachten, daß für sie das Verfahren bei der Allunionsvereinigung Sojuspatent beginnt. Diese leitet die Unterlagen dann an das Komitee für Erfindungen und Entdeckungen weiter, wo das in der Erfinderverordnung (§§ 39 f.) vorgesehene Verfahren abläuft[102].

---

100) Etwa das Abkommen der RGW-Länder vom 12.4.1973 in Zakonodatel'stva, Bd. 3, S. 174; dazu: Rokicki, ES 1987, Nr. 5, S. 93 f.

101) Ausführlich Boguslavskij, a.a.O., S. 229 mit Angabe der wichtigsten Rechtsgrundlagen; vgl. auch Ostrat, Vyzu, V.I. 1986, Nr. 4, S. 28 f.; Morozov, V.I. 1983, Nr. 4, S. 6 f.; Litvak, V.I. 1984, Nr. 5, S. 52 f.

102) Vgl. Statut in VT 1986, Nr. 4, S. 52 f.; Regelung der Gebühren für Patentierung von Erfindungen und gewerblichen Mustern und für Registrierung

3. Die Regelung für gewerbliche Muster und Warenzeichen

Die Regelung für gewerbliche Muster entspricht der erfinderrechtlichen[103]. Sie hat aber kaum praktische Bedeutung: 1981 war die Sowjetunion nur Inhaberin von 221 Schutzdokumenten in 36 Ländern[104] und von 1981 bis 1985 wurden beim Staatskomitee für Entdeckungen und Erfindungen nur 79 Patentpässe eingereicht. Bei 44 wurde die Genehmigung für die Patentierung im Ausland erteilt[105].

Anders ist die Lage bei den Warenzeichen. Die Zahl der im Ausland registrierten sowjetischen Warenzeichen stieg von 383 im Jahr 1975 auf 3.806 im Jahr 1985[106]. Das Verfahren wurde durch den Beitritt der Sowjetunion zum Madrider Abkommen zur internationalen Registrierung von Warenzeichen vereinfacht[107]. Für Ausländer ist die Handels- und Industriekammer der UdSSR die Eingangsstelle, die die Unterlagen an das Komitee für Erfindungen und Entdeckungen weiterreicht[108].

von Warenzeichen in SP SSSR, 1982, Nr. 26, st. 132 oder V.I. 1983, Nr. 2, S. 61 f.

103) Hinweise bei Boguslavskij, a.a.O., S. 220, 224.

104) Zenin, SGiP, 1986, Nr. 1, S. 78.

105) Rekomendacii, S. 9.

106) Kalinowski, Kukrus, AH 1988, Nr. 2, S. 13.

107) Ebenda, S. 13 und Boguslavskij, a.a.O., S. 205 m.w.N.

108) Lovjagin, in: Mironov, S. 194.

III. Die Regelungen zur Erzeugung und Weitergabe wissenschaftlich-technischen Wissens, insbesondere die vertragliche Forschung und Wissensweitergabe

1. Überblick, Probleme

Die Erzeugung neuer Technologie geschieht im wesentlichen durch Auftragsforschung, Vertragsforschung und eigene Forschung der Unternehmen[109].

In dem Bereich der Einführung der wissenschaftlich-technischen Forschungsergebnisse in die industrielle Produktion, der Weitergabe von wissenschaftlich-technischem Wissen und der Information über Einzelprobleme spielt der Vertrag - meist (bis jetzt noch) als Mittel der Planerfüllung - eine wichtige Rolle[110].

Diese Bereiche sind stark vom Verwaltungsrecht überlagert[111] und der Spielraum für vertragliche Gestaltung ist entsprechend eingeengt. Die meisten Streitpunkte bei den Verträgen werden durch Anweisungen vorgesetzter Stellen oder oft nicht zugängliche Entscheidungen der staatlichen Schiedsgerichte gelöst[112]. Deshalb können aus diesem Bereich kaum Erkenntnisse gewonnen werden, die für die Lizenzver-

---

109) Dazu ausführlich Balz, S. 238 f.

110) Näher zur Rolle des Vertrags folgend unter 2. und 3. Zum Verhältnis Plan - Wirtschaftsvertrag - der Plan kann z.B. Kontrahierungszwang bewirken - Azimov, S. 39 f.

111) Mamiofa, in: Mironov, S. 135 und Balz, S. 238 f.

112) S.o., 1. Abschn., F, II, 2.

tragsproblematik nützlich sein könnten.

In der wirtschaftlichen Praxis der Sowjetunion wird die neue Technologie nicht im wünschenswerten Maß umgesetzt[113]. 1985 wurden nur noch 50 % der Erfindungen mehrfach genutzt, während dieser Anteil in den siebziger Jahren bei 70 % lag[114]. Durch die ständige Weiterentwicklung eines komplizierten Systems der "materiellen Stimulierung", d.h. durch Prämien und andere Vergünstigungen, versucht die Sowjetunion, hier Fortschritte zu erzielen[115].

2. Die Verträge im Bereich von Forschung, Entwicklung und Information

In den Bereichen Erzeugung und Einführung neuer Technologie sowie Information und Weitergabe technischer Errungenschaften haben sich in der Sowjetunion in den letzten Jahrzehnten eigene Vertragstypen entwickelt[116].

Das Staatskomitee für Wissenschaft und Technik hat 1969 in einer Musterverordnung mit Mustervertrag

113) Zu den Problemen bei der Nutzung sowjetischer Technologie in der Sowjetunion und im Ausland: Pfaff, in: Brunner, S. 459 f.

114) Eremenko, V.I. 1987, Nr. 6, S. 3 f. (5); vgl. auch Rozov, V.I. 1986, Nr. 11, S. 6 f.

115) Dazu ausführlich Balz, S. 269 f.; zu neuen Reformvorschlägen Najaškov, V.I. 1987, Nr. 11, S. 2 f.

116) Einen Überblick über die historische Entwicklung der Gesetzgebung in diesem Bereich gibt Azimov, S. 11 f.

zwei Vertragstypen geregelt[117]:

1. die Verträge zur Durchführung wissenschaftlicher Forschungsarbeiten[118] und zur Durchführung von Erfahrungs-, Konstruktions- und technologischen Arbeiten,

2. die Verträge zur Durchführung von Arbeiten, die mit der Nutzung der erhaltenen Ergebnisse verbunden sind und von Arbeiten im Bereich der wissenschaftlich-technischen Information[119]. Diese zweite Art kann wieder unterteilt werden in Verträge, die die Suche nach wissenschaftlich-technischen Informationen zum Gegenstand haben und Verträge, die wissenschaftlich-technische Ergebnisse den Erfordernissen des Bestellers angleichen. Als Beispiele für Informationsverträge seien die Prüfung der Patentfähigkeit einer Ausarbeitung genannt und die Untersuchung der "Patentreinheit"[120].

Obwohl der Informationsvertrag in den Musterverträgen von 1969 vorgesehen und - allerdings nur rudimentär - geregelt ist, hat die Praxis ihre eigenen Klauseln entwickelt, wie z.B. in dem Vertrag, der

---

117) In Černjak, S. 583 f.; näher zu diesen Verträgen Venezkij, V.I. 1970, Nr. 12, S. 59 f.

118) Abgrenzung der Vertragsarten voneinander bei Azimov, S. 35 f.

119) Diese Vertragsart ergibt sich nicht aus der Überschrift der genannten Musterverordnung, sondern erst aus der Regelung der möglichen Vertragsgegenstände in § 3 der Verordnung.

120) Azimov, ebenda.

vom Allunionszentrum für Patentdienste ausgearbeitet worden ist[121].

3. Der Vertrag zur Übergabe wissenschaftlich-technischer Errungenschaften von 1971

Eine weitere Vertragsart ist geregelt in einer Verordnung des Ministerrats der UdSSR[122], sowie dem dort vorgesehenen und später erlassenen Mustervertrag über die Übergabe wissenschaftlich-technischer Errungenschaften durch Unternehmen und Organisationen an andere Unternehmen und Organisationen und über Hilfeleistung an sie bei der Nutzung der gegenseitig übergebenen Erfahrung[123].

Durch diese Regelung wurde einem dringenden Bedürfnis der Praxis Rechnung getragen. Allein mit der freien Zugänglichkeit von Erfindungen war noch nicht deren Einsatz in der Industrie gesichert. Die Unternehmen waren gegenüber technischen Neuerungen nicht aufgeschlossen, weil sie durch die notwendigen Änderungen negative Auswirkungen auf ihre wirtschaftliche Tätigkeit hinnehmen mußten. Das Fehlen von Erfahrung im Umgang mit der neuen Technik führte zu ungerechtfertigt hohen Ausgaben an Geld und Materi-

121) Fundstelle des Vertrags in Prospekt, S. 60.

122) SP SSSR 1971, Nr. 16, st. 118.

123) Text in der Anlage zu Klebaner, V.I. 1972, Nr. 9 S. 15 f., Änderungen in Bjul. NAM SSSR 1983, Nr. 4, S. 18 f. Rassochin bezeichnet den Übergabevertrag als "nächsten juristischen Verwandten" zum Vertrag zur Durchführung von Konstruktions- und technologischen Arbeiten, V.I. 1970, Nr. 9, S. 11 f. (14).

al[124]. Deshalb gingen die Unternehmen dazu über, das für die Einführung notwendige Know-how bei anderen Unternehmen "einzukaufen"[125]. Diese Praxis wurde nachträglich durch den genannten Mustervertrag gebilligt[126]. Sie führte aber bald zu Auswüchsen: Manche Organisationen führten sich als "Eigentümer" ihrer Technologie auf und wollten an interessierte Unternehmen ohne Übergabevertrag keine Informationen mehr weitergeben[127]. Dadurch geriet die sowjetische Rechtspraxis in ideologisch "gefährliche" Nähe zum Know-how-Vertrag und in Widerspruch zu ihrem Grundsatz der Aneignungsunfähigkeit von wissenschaftlich-technischem Wissen. Mit dem Erlaß einer "Erläuterung" (raz-jasnenie) wurde dieser Entwicklung entgegengesteuert[128]. Übergabeverträge dürfen nur noch in den Fällen technischer Hilfeleistung und bei Anpassung der technischen Dokumentation an die besonderen Gegebenheiten des Empfängers abgeschlossen werden. Die übrigen Fälle der Übergabe von Dokumentationsmaterial hat ausdrücklich ohne Vertrag zu erfolgen. Nur die tatsächlich anfallenden Kosten sind zu ersetzen[129]. Hervorzuheben ist noch, daß schon in der Verordnung von 1971 vorgesehen ist, daß die

---

124) Azimov, S. 37.

125) Dazu Dumeš, V.I. 1969, Nr. 5, S. 39 f.; Rassochin, V.I. 1970, Nr. 9, S. 11; Azimov, S. 37; Balz, S. 255.

126) Balz, S. 255.

127) Sedlov, V.I. 1974, Nr. 7, 9 f (11); Balz, S. 256.

128) Abgedruckt in V.I. 1974, Nr. 3, S. 63 f.

129) Vgl. § 1 der Erläuterung; Sedlov, a.a.O., S. 9 f.; Balz, S. 257. Beachte aber die neue Regelung, folgend unter VI., am Ende.

Kosten der erstmaligen Erzeugung des neuen Wissens nicht erstattet werden, sondern nur die Kosten der Informationsübertragung, der technischen Hilfe und der Prämien, die an die Arbeiter des Pionierunternehmens gezahlt werden[130].

IV. Das Verhältnis Lizenzvertrag - Übergabevertrag von 1971

Nach den obigen Ausführungen besteht Ähnlichkeit zwischen Übergabevertrag und Know-how-Vertrag[131]: In beiden Fällen werden fertige Ergebnisse gegen Entgelt weitergegeben. Trotzdem wird in der sowjetischen Literatur eine Trennungslinie gezogen, die vor allem dadurch erklärt wird, daß durch den Übergabevertrag der Grundsatz der Aneignungsunfähigkeit des wissenschaftlich-technischen Wissens nicht in Frage gestellt werde[132], während der Know-how-Vertrag im Zusammenhang mit Eigentum am Wissen zu sehen sei[133].

Zwar gibt es in der sowjetischen Literatur die pragmatische Meinung, daß zwischen wissenschaftlichen Forschungsorganisationen und Betrieben in bestimmten

130) Klebaner, S. 12 f.; Balz, S. 257.

131) Überblick über die Meinungen zur Frage der Rechtsnatur des Übergabevertrags: Rassochin, 1985, S. 267 f.

132) Balz, S. 245, in Fußn. 586.

133) In diesem Sinne Dozorcev, 1978, S. 118.

Teilbereichen faktisch Lizenzverträge bestünden[134]. Dieser Meinung wird aber entgegengehalten, sie verkenne den Unterschied zwischen materieller Stimulierung der Ausarbeitungsorganisation bei Erarbeitung und Hilfe bei der Anwendung einerseits und dem Gehalt des Lizenzvertrags andererseits, der auf einem ausschließlichen Recht beruhe[135]. Eine genaue Belegung dieses Unterschieds und ein Nachweis, wie er sich in Einzelfragen auswirkt, fehlen aber.

Auf der rein begrifflichen Ebene ist die prinzipielle Lage, durch die ideologische Brille der Sowjetunion gesehen, klar: im Kapitalismus die dem Profitinteresse des einzelnen dienenden Ausschlußrechte, mit denen er durch Lizenzvergabe Geld verdienen kann - im Sozialismus die frei zugänglichen technischen Errungenschaften, deren Erarbeitung und Einführung durch ein kompliziertes Prämiensystem gefördert wird, das aus bestimmten Fonds gespeist wird.

Ansatzpunkte zur Kritik, die sich gegen die juristische Verschiedenheit der Verträge richtet, ergeben sich dann, wenn man die Ausgestaltung der Vertragsarten vergleicht.

Der dem Übergabevertrag ähnelnde Know-how-Vertrag beruht nach westlichem Verständnis nicht auf einem Ausschlußrecht, sondern auf einem faktischen Wissensmonopol. Nicht anders dürfte es im sowjetischen Recht sein, wo der Know-how-Vertrag im Bereich des

---

134) Rožneva, S. 92 f.

135) Azimov, S. 26.

internationalen Technologietransfers Bedeutung hat[136].

Dozorcev versucht nun, einen Gegensatz zwischen dem Know-how-Vertrag nach westlichem Verständnis und dem sowjetischen Übergabevertrag nachzuweisen, indem er beim westlichen Know-how-Vertrag von einem Ausschlußrecht an einem Produktionsgeheimnis spricht, das durch die Gesetzgebung zum unlauteren Wettbewerb geschützt sei. Dem sozialistischen Rechtssystem sei ein Schutz der Produktionsgeheimnisse fremd[137]. Das ist aber zumindest begrifflich ungenau: Im westdeutschen Recht beispielsweise besteht ein gewisser Schutz nach dem UWG und nach § 823 Abs. 1 und Abs. 2 BGB. Dieser Schutz erreicht aber keinesfalls den Umfang eines Ausschlußrechts[138]. In der sowjetischen Literatur wird darauf hingewiesen, daß durch das Fehlen eines Ausschlußrechts in der Sowjetunion zum einen das Empfängerunternehmen von technischem Wissen beim Übergabevertrag auch selbständig entsprechendes Wissen ausarbeiten könne und zum anderen der Umfang der industriellen Nutzung des übergebenen Wissens nicht beschränkt werden könne[139]. Die erste Aussage trifft aber gerade auch für den Know-how-Vertrag im westdeutschen Recht zu[140]. Nur bezüglich der zweiten Aussage liegt ein Unterschied zum Know-how-Vertrag vor.

---

136) Vgl. z.B. Mel'nikov, SGiP 1981, Nr. 11, S. 85 f.

137) Dozorcev, 1978, S. 118.

138) Vgl. dazu Stumpf, 1970, Rdn. 12 f.

139) Klebaner, a.a.O., S. 12.

140) Stumpf, 1970, Rdn. 17.

Das Verfahren in der sowjetischen Literatur, einen Gegensatz zwischen Know-how-Vertrag und Übergabevertrag nachzuweisen, beruht darauf, vor dem oben angerissenen Hintergrund des staatlichen Ausschlußrechts auf der einen Seite und der Gemeinfreiheit von Wissen auf der anderen, die Know-how-Verträge möglichst nah an den Pol des Ausschlußrechts zu schieben und den Übergabevertrag an den Gegenpol der freien Zugänglichkeit. Wie dargelegt, ist aber die Entfernung des Know-how-Vertrages vom Ausschlußrecht größer, als man es in der sowjetischen Literatur wahrhaben möchte. Bei näherer Betrachtung verschiebt sich aber auch der Übergabevertrag auf der Achse zwischen Gemeinfreiheit und Ausschlußrecht in Richtung des Ausschlußrechts, ohne daß allerdings in der sowjetischen Rechtswissenschaft die dogmatischen Konsequenzen gezogen würden. Diese Verschiebung läßt sich durch zwei Punkte belegen:

1. Beim Übergabevertrag darf das Empfängerunternehmen das Wissen nicht weitergeben[141]. Bei strenger Einhaltung der Prämisse, daß nur die Übertragungskosten zu ersetzen seien[142], kann dieses Verbot kaum erklärt werden. Balz vermutet deshalb, daß trotz der Prämisse ein Teil der Vergütung[143] Lohn für die Pionierarbeit sei und kommt dadurch zu dem Schluß, daß hierin "der Keim eines Patents" liege[144]. Er bezeichnet den Übergabevertrag auch schlicht als

141) § 2 der Musterverordnung von 1971.

142) Klebaner, a.a.O., S. 13.

143) Das Weitergabeverbot dient dabei auch als Sicherung des Zuflusses von Prämien an die Mitarbeiter des Pionierunternehmens.

144) Balz, S. 258.

Know-how-Vertrag[145].

2. Der Übergabevertrag ist auch bei Rationalisierungsvorschlägen[146] möglich. In diesem Zusammenhang wird in § 76 Abs. 2 der Erfinderverordnung angeordnet, daß die Rechte des Urhebers eines Rationalisierungsvorschlags, für den das Pionierunternehmen eine Bescheinigung ausgestellt hat, auf das Unternehmen erstreckt werden, das Vertragspartner ist[147]. Auch damit werden dem Empfängerunternehmen Kosten auferlegt, die mit der Übertragung des Wissens nichts zu tun haben.

An Unterschieden zwischen Lizenzvertrag (insbesondere Know-how-Vertrag) und Übergabevertrag bleiben bestehen: der beschränkte Anwendungsbereich (z.B. kein Vertrag, wenn nur die unveränderte technische Dokumentation übergeben wird[148]), die Unbeschränkbarkeit der industriellen Nutzung des übermittelten Wissens beim Empfängerunternehmen und die geregelte Preisbildung[149] - jeweils beim Übergabevertrag. Daraus aber einen prinzipiellen Unterschied zwischen beiden Verträgen abzuleiten, erscheint zu hoch gegriffen und ist wohl nur ideologisch zu erklären.

In einer neuen Stellungnahme von Azimov, in der er den Übergabevertrag zu den Know-how-Verträgen

---

145) Ebenda, S. 254.

146) Dazu Balz, S. 222 f.

147) Balz, S. 256.

148) § 1 der Erläuterung zur Musterverordnung von 1971.

149) Vgl. § 6 f des Mustervertrags in Bjul. NAM 1983, Nr. 4, S. 18 f.

rechnet - diese seltsamerweise aber gleichzeitig gegen Lizenzverträge abhebt -, deutet sich an, daß hier, parallel zur politischen Entwicklung, einiges in Bewegung geraten ist, hin zu pragmatischeren Lösungen[150].

V. Die Reformdiskussion vor 1973 um die Einführung eines sozialistischen Patents und eines sozialistischen Lizenzvertrags innerhalb der Sowjetunion

Das Problem eines Ausschlußrechts für sowjetische Unternehmen, das beim Übergabevertrag in Ansätzen - und unausgesprochen in dessen Regelung - eine Rolle spielt, stand bei der Reformdiskussion im sowjetischen Erfinderrecht in den Jahren vor 1973 im Mittelpunkt.

Nachfolgend werden nur die wesentlichen Überlegungen der Hauptrichtungen der Diskussion um die Einführung sozialistischer Lizenzbeziehungen dargestellt, ohne die gesamte bestehende Meinungsvielfalt wiederzugeben[151].

Diese Darstellung gibt für die gegenwärtige neue Reformdiskussion und für die zu behandelnden Probleme des Lizenzvertrags einen wichtigen Hintergrund. Es werden nochmals die ideologischen und wirtschaftlichen Implikationen der unterschiedlichen Regelungen der Technologieerzeugung und -verbreitung im Sozialis-

150) Azimov, V.I. 1986, Nr. 7, S. 20 f.; vgl. auch die folgend unter VI. erwähnte Neuregelung.

151) Eine Übersicht m.w.N. gibt Balz, S. 284 f.

mus und Kapitalismus erhellt[152].

Die Befürworter sozialistischer Lizenzbeziehungen, die Reformer, möchten unter Aufgabe des Grundsatzes der Aneignungsunfähigkeit von Wissen den sozialistischen Unternehmen die Erfindungen zuordnen und Lizenzbeziehungen zwischen den Unternehmen zulassen[153]. Die Reformer sehen darin eine bessere Lösung zur Förderung der Innovationsbereitschaft der Unternehmen, als im unvollkommenen System der materiellen Stimulierung[154]. Die Erfinderunternehmen würden angeregt, Anstrengungen zur Verbreitung ihrer Erfindungen zu machen[155]. Allerdings sollten nur Unternehmen und Organisationen und nicht Privatpersonen Patente erhalten können. Betont wurde auch, daß die sozialistischen Lizenzbeziehungen grundverschieden von kapitalistischen seien: Für sozialistische Patentinhaber sollte Kontrahierungszwang bestehen. Bei der genauen Ausgestaltung der Lizenzbeziehungen, z.B. der Preisbildung, gab es unterschiedliche Meinungen[156], die hier nicht von Bedeutung sind.

Demgegenüber möchten die Gegner der Reformer das alte System beibehalten und verbessern. Dazu einige

152) Eine Auseinandersetzung mit den Argumenten auf dieser grundsätzlichen Ebene würde den Rahmen des Themas überschreiten.

153) Balz, S. 286 f.

154) Vgl. auch Litvak, V.I. 1966 Nr. 6, S. 34 f.

155) Ebenda.

156) Vgl. Balz, S. 286 f.

Argumente von Dozorcev[157]: Zunächst weist er darauf hin, daß die Einrichtung von Ausschlußrechten dem sozialistischen Wirtschaftssystem widerspreche. Als Beleg führt er unter anderem die Probleme der Preisbildung bei Lizenzverträgen im sozialistischen Wirtschaftssystem an[158]. Zahlungen von Lizenzgebühren an Organisationen für im Dienst gemachte Erfindungen von deren Mitarbeitern seien zu kritisieren, weil die Organisationen selbst keine Erfindungen machten, sondern nur den Rahmen für die einzelnen Erfinder zur Verfügung stellten[159]. Die Frage der Verwendung der Lizenzeinnahmen sei nicht gelöst[160]. Ein weiterer Gesichtspunkt stützt sich auf den bereits behandelten prinzipiellen Unterschied zwischen Lizenzvertrag und Übergabevertrag: Wenn Unternehmen zusätzlich zu den Kosten für technische Hilfe noch Ausgaben allein für den Erwerb des Nutzungsrechts hätten, werde die Innovationsbereitschaft der Unternehmen vermindert[161]. Schließlich sei es problematisch, die Lizenzierungstätigkeit eines Unternehmens adäquat im Plan zu erfassen[162].

Eine mittlere Position zwischen den beschriebenen Meinungen nimmt Rassochin ein. Er kritisiert Dozorcev vor allem wegen dessen These, daß ein Lizenzvertrags-

157) Dozorcev, 1969, S. 92 f.

158) Ebenda, S. 95 f. Die Frage nach dem Wert einer Erfindung spielt hier eine wichtige Rolle.

159) Ebenda, S. 97 f.

160) Ebenda, S. 101 f.

161) Ebenda, S. 102 f.

162) Ebenda, S. 105.

system mit der sozialistischen Wirtschaft unvereinbar sei[163]. Andererseits ist er auch nicht mit einer sofortigen Einführung sozialistischer Lizenzbeziehungen einverstanden, da es an den notwendigen Voraussetzungen mangele. Dazu zählt er die Finanzierung des technischen Fortschritts nur durch die Unternehmen aufgrund wirtschaftlicher Rechnungsführung (chozrasčet)[164] und die Einführung des Großteils der neuen technischen Errungenschaften aufgrund Unternehmensinitiative und ohne Weisung von oben[165].

VI. Neueste rechtspolitische Vorschläge und Regelung zur Reform der Nutzung von Erfindungen und sonstigem technischem Wissen innerhalb der Sowjetunion

Mit Erlaß der neuen Erfinderverordnung von 1973 war die Diskussion um sozialistische Lizenzbeziehungen nicht abgeschlossen. Kurz darauf wurde sie weitergeführt mit der Feststellung, daß bei Schaffung der wirtschaftlichen und organisationsrechtlichen Voraussetzungen sozialistische Lizenzbeziehungen "ihre Zukunft" hätten[166].

Zur Zeit steht wieder eine Reform des Erfinder-

163) In V.I. 1970, Nr. 9, S. 11 f.

164) Das neue Gesetz über staatliche Unternehmen vom 30.6.1987 geht in diese Richtung, vgl. Zakon SSSR o gosudarstvennom predprijatii; vgl. auch Neuregelung, folgend unter VI.

165) Ebenda, S. 12.

166) Šatrov, SGiP, 1974, Nr. 7. S. 48 f. (51).

rechts an und das Ausschlußrecht für sowjetische Unternehmen ist wieder in der Diskussion - mit den Argumenten der vorangegangenen Auseinandersetzung, wobei sich aber die Gewichte wegen der veränderten Rahmenbedingungen (mehr wirtschaftliche Selbständigkeit der Unternehmen) zugunsten lizenzähnlicher Vertragsbeziehungen verschoben haben[167]. Es wurde z.B. vorgeschlagen, die Erfindungen den Unternehmen "zuzuordnen" (zakrepljat'), in denen sie gemacht wurden oder denen sie vom Staat zur Nutzung zugewiesen wurden[168]. Das Prinzip der freien Nutzung solle dadurch aber nicht beeinträchtigt werden. Die Zuordnung solle mit einem 15 Jahre gültigen "Dokument" erfolgen, das den Inhaber im Namen des Staates berechtige, die zur Verwertung der Erfindung notwendigen Maßnahmen zu ergreifen. Dem Dokumenteninhaber sollten auch die "gesetzlich erlaubten Einnahmen aus der Nutzung der Erfindung" zufließen, darunter auch Devisen bei Lizenzvergabe ins Ausland[169]. Andere staatliche oder gesellschaftliche Unternehmen müßten bei Verwertung der urheberscheingeschützten Erfindung mit dem Dokumenteninhaber einen Vertrag abschließen, der aber kein Lizenzvertrag sei[170]. Der Dokumenteninhaber unterliege einem Kontrahierungszwang. Voraussetzung für die erfolgreiche Verwirkli-

167) Die Diskussion findet im Rahmen einer umfassenden Reformdiskussion in Bezug auf die Organisation des wissenschaftlich-technischen Fortschritts in der Sowjetunion statt, vgl. z.B. Lynnik, V.I. 1987, Nr. 9, S. 10 f. und Kašin, V.I. 1987, Nr. 9, S. 15 f.

168) Mozolin, V.I., 1986, Nr. 1, S. 15 f. (19).

169) Ebenda, S. 20.

170) Ebenda.

chung des Vorschlags sei aber, daß die beteiligten Unternehmen auf der Grundlage wirtschaftlicher Rechnungsführung arbeiteten.

Wenn solche und ähnliche Vorschläge[171] den Begriff Lizenzvertrag meiden, drängt sich bei der dargelegten Ausgestaltung der Gedanke auf, daß damit eher der (noch) politischen als der juristischen Realität Rechnung getragen wird, um Reformgegnern zumindest begrifflich weniger Angriffsfläche zu bieten[172].

Während die Diskussion um die Zuordnung von Ausschlußrechten an Erfindungen noch nicht abgeschlossen ist, hat es 1987 im Bereich der vertraglichen Herstellung und Übergabe wissenschaftlich-technischer Produkte eine interessante Neuregelung gegeben[173]. Danach können sowjetische Unternehmen, die auf der Grundlage von wirtschaftlicher Rechnungsführung und Selbstfinanzierung arbeiten[174], gegen Entgelt wissenschaftlich-technische Produkte (z.B. Forschungs-, Projekt-, Konstruktions-und technologische Arbeiten und Dienstleistungen[175]) erarbeiten oder bereits

171) Z.B. Mironov, V.I. 1987, Nr. 2 S. 7 f.; Finkel', Smirnov, G.I., V.I. 1979, Nr. 12, S. 15 f. (19).

172) Weitere Stellungnahmen zur Reform: Podšinikov, Čistoborodov, V.I. 1987, Nr. 8, S. 22 f.; Sedlov, V.I. 1987 Nr. 4, S. 16 f.; Skripko, V.I. 1986, Nr. 8, S. 25 f.; Efimov, V.I. 1986, Nr. 3, S. 9 f.; Danilov, V.I. 1986, Nr. 1, S. 20 f.; Občinikov, V.I. 1985, Nr. 9, S. 28 f.

173) Bjul. NAM SSSR 1988, Nr. 5, S. 8 f. mit Vertragsmuster.

174) Vgl. dazu SP SSSR 1987, Nr. 48, st. 158.

175) Vgl. § 4 der Verordnung in vorletzter Fußn..

erarbeitete übergeben. In den Vertrag können Klauseln zur Geheimhaltung aufgenommen werden[176]. Damit wird in diesem Bereich wissenschaftlich-technisches Wissen wie eine Ware behandelt. Ein qualitativer Unterschied zum Know-how-Vertrag dürfte kaum noch zu begründen sein.

176) § 7 i der Verordnung.

3. Abschnitt: Lizenzverträge im sowjetischen Recht

A. Der Lizenzvertrag und die anwendbaren rechtlichen Regelungen

Der Lizenzvertrag ist in der Sowjetunion nicht als Typenvertrag geregelt, sondern nur an verschiedenen Stellen erwähnt (z.B. in Art. 112 Grundlagen der Zivilgesetzgebung, Art. 522 Abs. 1 GK RSFSR und auch in untergesetzlichen Normen[1]). Regelungen gibt es für eine Reihe von Fragen, die auch bei Lizenzverträgen entstehen, z.B. bezüglich des anwendbaren Rechts bei Außenhandelsverträgen.

Im folgenden werden die wichtigsten Regelungen zusammengestellt. Ein vollständiger Überblick ist wegen der Normenflut in der Sowjetunion und der Unübersichtlichkeit der Veröffentlichungspraxis kaum zu erreichen. Die Regelungen, die nur zwischen RGW-Ländern anwendbar sind, folgen unter B.

I. Internationale Vereinbarungen

Nach Art. 129 Grundlagen der Zivilgesetzgebung, Art. 569 GK RSFSR finden internationale Verträge Anwendung, wenn sie andere Regelungen als die sowjetische Zivilgesetzgebung enthalten[2]. Internationale Verträge außerhalb des RGW, die konkrete Rechtsfragen

---

1) Z.B. in der Instruktion bezüglich Prämienzahlungen für Patentierung und Lizenzierung sowjetischer Erfindungen im Ausland in Zakonodatel'stvo, Bd. 2, S. 375 f.

2) Pozdnjakov, 1985, S. 7.

bei Lizenzverträgen verbindlich regeln, sind für die Sowjetunion nicht ersichtlich[3]. Bedeutung für die wissenschaftliche Diskussion in der Sowjetunion und als Orientierung für die Praxis haben die internationalen Regelwerke mit empfehlendem Charakter[4] und die Vertragsmuster[5].

II. Das nationale sowjetische Recht

1. Die Klassifizierung des Lizenzvertrags als Außenhandelsgeschäft

In der sowjetischen Literatur wird der Lizenzvertrag fast ausschließlich unter dem Oberbegriff Außenhandelsgeschäft abgehandelt. Nach den jüngsten Reformen[6] kann er jetzt aber auch für den innersowjetischen Bereich praktisch bedeutsam werden. Die Tatsache, daß der Lizenzvertrag bisher nur international für die Sowjetunion eine Rolle gespielt hat, erklärt, daß die rechtlichen Regelungen, die einzelne Aspekte des Lizenzvertrags betreffen, aus dem Außen-

3) Vgl. z.B. Überblick bei Pozdnjakov, ebenda, S. 7 f.; zu den Beziehungen BRD-Sowjetunion: Golygin, Čistov, VT 1986, Nr. 8, S. 17 f.; zu den Rechtsgrundlagen in diesem Bereich: Beckmann-Petey, RIW 1986, S. 501 f.

4) Z.B. der Technologietransferkodex der UNO, dazu Fikentscher, S. 234 f.; Leonidov, VT 1980, Nr. 11, S. 33 f.

5) Z.B. von ORGALIME, Leitfaden zur Abfassung von Know-how-Verträgen; weitere Beispiele bei Mel'nikov, S. 21 f.

6) S.u., D, I, 2.

handelsrecht stammen.

Eine gesetzliche Definition des Außenhandelsgeschäfts besteht nicht[7]. Allgemein wird darunter ein Rechtsgeschäft verstanden, an dem Organisationen oder Firmen aus verschiedenen Ländern beteiligt sind[8].

2. Die sowjetische Gesetzgebungssystematik bezüglich der Außenhandelsgeschäfte

Die Abgrenzung zwischen den Kompetenzen der Union und der Republiken erfolgt durch Art. 76 in Verbindung mit Art. 73 der Verfassung der Sowjetunion[9]. Nach Art. 73 Nr. 10 ist die Union für den Außenhandel zuständig. In Art. 3 Abs. 3 Grundlagen der Zivilgesetzgebung ist festgelegt, daß die Außenhandelsbeziehungen durch die spezielle Gesetzgebung der Union und durch die allgemeine Gesetzgebung der Union und der Republiken geregelt werden[10]. Die spezielle Gesetzgebung hat Vorrang vor der allgemeinen. Letztere kommt nur zum Zug, wenn die spezielle nicht oder nicht vollständig eine Regelung bereithält[11].

---

7) Smirnov, P.S., S. 19.

8) Sadikov, 1984, S. 131.

9) Dazu Smirnov, P.S., S. 56; Uschakow, Art. 73, Rdnr. 133 f. und Uibopuu, Art. 76, Rdnr. 14, 15 in: Fincke.

10) Zur Abgrenzung und damit verbundener Probleme Smirnov, P.S., S. 57; Maslov, Puškin, Bd. 1, S. 41 f.

11) Ebenda, S. 44, 45; Smirnov, P.S., S. 61 f. Zu dieser Frage im international-privatrechtlichen Zusammenhang s.o., 1. Abschn., F, II, 2.

3. Überblick über wichtige Regelungen der Außenhandelsverträge mit Relevanz für den Lizenzvertrag[12]

Auf Unionsebene bestehen folgende wichtige Regelungen:

- zur Form: Art. 14, 125 Grundlagen der Zivilgesetzgebung,
- zu Rechtsgeschäften mit Devisen: Ukaz Prezidiuma Verchovnogo Soveta SSSR "O sdelkach s valjutnymi cennostjami na territorii SSSR"[13],
- zur Unterschriftsordnung für Außenhandelsgeschäfte: Postanovlenie Soveta Ministrov SSSR o porjadke podpisanija vnešnetorgovych sdelok"[14],
- zur Ordnung der Registrierung von Lizenzverträgen: Instrukcija o porjadke registracii dogovorov ili inych dokumentov o vydače licenzii ili ob ustupke patenta na izobretenie i promyšlennyj obrazec, o vydače licenzii ili ustupke prava iskljucitel'nogo pol'zovanija tovarnym znakom[15],
- zur Prämienzahlung bei der Patentierung sowjeti-

---

12) Eine Zusammenstellung der Rechtsgrundlagen des Erfindungswesens, die teilweise Berührungspunkte mit Lizenzfragen haben, findet sich in Zakonodatel'stva SSSR po izobretatel'stvu; vgl. auch die Zusammenstellung zum Außenhandel und zur wirtschaftlichen, wissenschaftlich-technischen und kulturellen Zusammenarbeit der UdSSR mit dem Ausland in: Svod Zakonov SSSR, Abschn. 5, Kap. 2, Bd. 9, S. 49 f. und die Zusammenstellung der Quellen des sowjetischen internationalen Privatrechts, z.B. Maryševa, in: Sadikov, 1984, S. 17 f., Boguslavskij, 1982, S. 41 f., Smirnov, P.S., S. 56 f. Ausführlicher: 3. Abschn., O,II.

13) In: VVS SSSR 1976, Nr. 49, st. 712, Änderungen in VVS SSSR 1988, Nr. 9, st. 137.

14) SP SSSR 1978, st. 35.

15) Zakonodatel'stva, Bd. 1, S. 291 f.

scher Erfindungen und der Vorbereitung der Lizenzierung im Ausland: Instrukcija o premirovanii rabotnikov predprijatij, organizacij, goskomitetov, ministerstv i vedomstv, prinimajuščich aktivnoe učastie v rabote po patentovaniju i podgotovke licenzij na sovetskie izobretenija i naučno-techničeskie dostiženija dlja prodaži ich za granicu[16],

- zur Planung der Patentierung und Lizenzierung sowjetischer Erfindungen im Ausland: Metodičeskie ukazanija po planirovaniju rabot po patentovaniju sovetskich izobretenij za granicej i podgotovke k prodaže licenzij[17],
- zur Prüfung der Patentreinheit bei Lizenzverträgen: Instrukcija po ekspertize ob-ektov techniki na patentnuju čistotu, insbesondere Punkt 5.5 f[18],
- zur Ordnung der Arbeit zum Lizenzverkauf: Instrukcija o porjadke raboty po prodaže licenzij i okazaniju uslug tipa inžiniring[19].

Regelungen auf Republiksebene:

- Zur Folge der Nichteinhaltung der Formvorschrift und zum anwendbaren Recht für die Form: Art. 45, 565 GK RSFSR,
- zur Zahlung mit Devisen: Art. 175 GK RSFSR,

16) Ebenda, Bd. 2, S. 375.

17) Bjul. NAM SSSR 1986, Nr. 6, S. 36 f. oder V.I. 1986, Nr. 4, S. 47 f.

18) Zakonodatel'stva, Bd. 2, S. 104 f. (204 f. oder in V.I. 1975, Nr. 5, S. 38 f.), weitere Regelungen zu diesem Bereich in Zakonodatel'stva, Bd. 2, S. 83 f.

19) Instrukcija, Moskau 1979.

- zu Zinsen bei Außenhandelsgeschäften: Art. 176 GK RSFSR.

III. Das Problem der Lückenfüllung im sowjetischen Recht

Für den Fall der Feststellung einer Lücke in den Rechtsregelungen[20] ist die Ermittlung der Rechtslage durch das Institut der Gesetzes- und Rechtsanalogie vorgesehen[21]. Bei der ersten Analogieart wird die Lücke durch Heranziehung ähnlicher Normen gefüllt. Bei der zweiten wird aus der Gesamtheit der rechtlichen Regelungen ein allgemeines Prinzip abgeleitet, dessen Anwendung dann zur Lösung der Frage führt. Die Rechtsanalogie ist dabei subsidiär, d.h. sie kommt nur dann zur Anwendung, wenn die Gesetzesanalogie nicht zu einer Lösung führt[22].

Das bedeutet für die rechtswissenschaftliche Untersuchung eine nicht zu unterschätzende Zusatzarbeit und vor allem Rechtsunsicherheit, wenn man die bestehende Normenflut und die gegenwärtige Dynamik der Rechtsentwicklung berücksichtigt.

---

20) Zu den Auslegungsgrundsätzen im sowjetischen Recht: Čerdancev, 1979; Sadikov, 1979, S. 12 f.; Rozenberg, VT 1981, Nr. 2, S. 40.

21) Maslov, Puškin, Bd. 1, S. 47 f.

22) Ebenda, S. 48; zum Verhältnis allgemeiner-spezieller Gesetzgebung s.o., 3. Abschn. A, II, 2 und 1. Abschn., F, II, 2; zur analogen Anwendbarkeit von RGW-Regelungen s.u. 3. Abschn., B, II, 5.

B. Besonderheiten des Lizenzverkehrs zwischen RGW-Ländern

Innerhalb des RGW bestehen zahlreiche Regelungen zur wirtschaftlichen Zusammenarbeit. Sie betreffen zum Teil direkt Fragen des Technologietransfers[24]. Weiter gibt es Regeln zum Warenverkehr, deren Anwendungsmöglichkeit auf Lizenzverträge diskutiert wird[25].

Im Hinblick auf die Regelung des Technologietransfers werden nachstehend die wichtigsten Abkommen zusammengestellt. Soweit sie für Einzelprobleme der Lizenzverträge relevant sind, werden sie im Folgenden bei der Behandlung dieser Probleme mit aufgegriffen.

I. Die Sofioter Beschlüsse

1. Der Inhalt

Die Sofioter Beschlüsse wurden vom RGW 1949 gefaßt und waren die Grundlage für einen unentgelt-

---

23) Historische Entwicklung: Kamenova, S. 6 f.; Analyse von Problemen des Technologietransfers im RGW bei Wienert, Slater, S. 129 f.

24) Einen Überblick über die Zusammenarbeit im Bereich des Erfindungswesens geben Zubarev, Il'in, V.I. 1984, Nr. 12, S. 17 f.; dazu auch Straus, GRUR Int. 1979, S. 13 f.

25) S.u., II, 5.

lichen Technologietransfer innerhalb des RGW[26]. In den fünfziger Jahren schloß die Sowjetunion eine Reihe zweiseitiger Abkommen mit anderen sozialistischen Ländern und konkretisierte darin die Sofioter Beschlüsse. Damit wurde das Prinzip der Unentgeltlichkeit für die Nutzung von Erfindungen auf internationaler Ebene festgelegt. In den zweiseitigen Abkommen waren bilaterale Organe vorgesehen, die über den Austausch von Wissen entscheiden sollten[27]. Die Übergabe ging nicht nur unentgeltlich vonstatten - es mußten lediglich die Kosten der Übertragung ersetzt werden -, sondern - für den westlichen Betrachter schwer nachvollziehbar - auch ohne zivilrechtlichen Vertrag[28]. Eine Weitergabe des Wissens durch den Empfänger in ein drittes Land durch Lizenzierung oder auf sonstige Weise war ausgeschlossen[29].

In den sechziger Jahren wurde diese Art des Technologietransfers zunehmend kritisiert, weil der Austausch technischer Neuerungen zurückging.

---

26) Kurzer Überblick über die Entwicklung bei Vorob-eva, in: Boguslavskij, 1985, S. 199 f.; Bykow, S. 48 f.; Schuster-Woldan, S. 158 f.; Vida, S. 53 f.

27) Vgl. Kemper, Maskow, StR 1966, S. 949 f. (954).

28) Vorob-eva, in: Boguslavskij, 1985, S. 200.

29) Boguslavskij, 1963, S. 37.

2. Probleme mit Bezug zum Lizenzvertrag

a) Die Unentgeltlichkeit und der Warencharakter von Wissen im internationalen Bereich

Die Unentgeltlichkeit wurde auch auf internationaler Ebene unter anderem damit begründet, daß Wissen keinen Warencharakter habe[30]. Das schon oben dargelegte nationale Problem[31] erscheint hier wieder, jedoch teilweise in anderem Licht.

Aufschlußreich sind die Überlegungen, mit denen die DDR-Autoren Kemper und Maskow den unentgeltlichen Austausch begründen. Sie gehen von einem Doppelcharakter des Wissens aus: Für den eigenen Bedarf könne es als Nichtware produziert werden. Gleichzeitig könne es aber auch als Ware ausgetauscht werden. Der unentgeltliche Austausch sei wegen der Besonderheit des Wissens möglich, daß man es ohne Verlust dann kostenlos weitergeben könne, wenn sich die Erarbeitungskosten amortisiert hätten. Weiter sei aber noch erforderlich, daß der Absatz des Übergabelandes weder im Empfängerland noch im sonstigen Ausland geschmälert werde. Dies sei durch Weitergabe- und Exportverbote an die Empfängerländer sichergestellt worden. Zur Erhaltung des Marktes in einem potentiellen Empfängerland habe sich "die Praxis" damit zu behelfen versucht, dorthin kein Wissen zu übergeben[32].

---

30) Vgl. dazu Kemper, Maskow, a.a.O., S. 956. Dort werden auch weitere Argumente genannt.

31) S.o., 1. Abschn., C.

32) Kemper, Maskow, a.a.O., S. 955 f.

Darin zeigt sich der zur sowjetischen binnenwirtschaftlichen Diskussion um den Warencharakter entscheidende Unterschied: Beim innersowjetischen Übergabevertrag bleiben sowohl die Vorteile aus der Anwendung neuen Wissens als auch die Erarbeitungskosten im nationalen Bereich. Auf RGW-Ebene war dieses Gleichgewicht jedoch so nicht vorhanden, weil es Fälle gab, in denen trotz der erwähnten Schutzmaßnahmen die Übergabeländer Exporteinbußen erlitten[33].

b) Die Möglichkeit für sozialistische Anmelder, Patente zu erwerben

Im innersowjetischen Bereich ist die Möglichkeit, Patente zu erwerben, für sowjetische Anmelder weitgehend ausgeschlossen. Damit soll die unbehinderte Verbreitung neuen Wissens sichergestellt werden.

Obwohl die Sofioter Beschlüsse auf internationaler Ebene das gleiche Ziel verfolgen, war die Möglichkeit für sozialistische ausländische Anmelder nicht entsprechend eingeschränkt und die Anmeldung von Patenten innerhalb des RGW verbreitet[34]. Bei strenger Anwendung des Unentgeltlichkeitsgrundsatzes hätten die Patente für RGW-Anmelder keinen Sinn gehabt. In

33) Zu den Einbußen Bykow, S. 130. Dieser "Gleichgewichtsgedanke" spielt auch bei der Diskussion um die sozialistischen Patente innerhalb der Sowjetunion eine Rolle, wenn gefordert wird, daß eine Voraussetzung für Patente für Betriebe die vollständige Einführung der wirtschaftlichen Rechnungsführung sein solle.

34) Schuster-Woldan, S. 159.

der sowjetischen Literatur gab es denn auch Stimmen, die solche Patente als überflüssig bezeichneten[35]. Die zur Rechtfertigung der Patente in der sozialistischen Literatur angeführten Gründe (Rechte der Erfinder sichern, Anmeldung westlicher Konkurrenten verhindern, technische Entwicklung des fremden Landes fördern, Patentierung als Informationsform[36]) sind nicht überzeugend.

Durch solche Einschränkungen der Anwendung der Sofioter Beschlüsse [37] und die oben erwähnte restriktive Praxis der Übergabe wurde der in der sowjetischen Literatur betonte prinzipielle Unterschied zwischen kapitalistischen Lizenzverträgen und der Art des Technologietransfers im RGW von 1949 bis Anfang der sechziger Jahre[38] stark relativiert.

II. Die weitere Entwicklung zum Lizenzvertrag zwischen sozialistischen Partnern

In den sechziger Jahren setzte eine Entwicklung hin zu entgeltlichen Austauschverträgen[39] ein.

---

35) Boguslavskij, Vasil'ev, IR 1958, Nr. 6, 19 f. (20).

36) Schuster-Woldan, S. 159 f. m.w.N.

37) Weitere Einschränkungen vgl. Schuster-Woldan, S. 161 f.

38) Vgl. z.B. Boguslavskij, 1963, S. 36.

39) Der erste entgeltliche sowjetische Lizenzvertrag wurde 1969 mit der DDR geschlossen, vgl. Smirnov, Ju.N., V.I. 1982, Nr. 5, S. 9 f. (13).

Zwischen RGW-Ländern wurden zweiseitige Abkommen geschlossen, die entgeltliche Lizenzverträge vorsahen[40]. In den weiteren, nachfolgend zusammengestellten Abkommen erhielten die Lizenzverträge eine immer stärkere Position.

1. Die Wirtschaftsprogramme

Im Wirtschaftsprogramm von 1962 (Grundprinzipien der internationalen sozialistischen Arbeitsteilung[41]) waren nur allgemeiner Erfahrungsaustausch, Koordination und Kooperation in den Bereichen Wissenschaft, Technik und Produktion vorgesehen.

Das "Komplexprogramm der ökonomischen Integration im RGW" von 1971[42] wurde genauer: Es enthält Grundprinzipien des Austauschs wissenschaftlich-technischer Ergebnisse[43]. Der Austausch sollte je nach Niveau und Wert der Ergebnisse unentgeltlich oder mit "finanzieller Entschädigung" erfolgen, unter Berücksichtigung des nationalen Interesses und des Interesses der RGW-Mitgliedsländer[44].

40) Osterland, Humml, RiA 1970, S. 1 f. (8) Fußn. 3; zum Verhältnis zu den Sofioter Beschlüssen kurz Schuster-Woldan, S. 161 f.

41) Text in Uschakow, S. 1018 f.; zum Inhalt: Bykow, S. 56 f.

42) Text in Uschakow, S. 1037 f.; dazu auch Mel'nikov, S. 65.

43) Vorob-eva, in: Boguslavskij, 1985, S. 91, S. 201.

44) Vgl. Abschnitt 5, Punkt 5.4 des Programms in Uschakow, S. 1060.

Mit dem "Komplexprogramm des wissenschaftlich-technischen Fortschritts der RGW-Länder bis zum Jahre 2000" soll der Technologieaustausch und die Zusammenarbeit auf wissenschaftlich-technischem Gebiet weiter gefördert werden[45].

2. Das Abkommen über die Grundlagen der wissenschaftlich-technischen Zusammenarbeit von 1972[46]

Dieses Abkommen war eine Ausführung der im Komplexprogramm gestellten Aufgaben[47] und behandelt in erster Linie die Zusammenarbeit bei der Entwicklung neuer Ergebnisse[48]. Es befaßt sich aber auch mit Lizenzverträgen: In Ziff. 137 des Abkommens ist eine entgeltliche und unentgeltliche Übergabe vorgesehen, wobei Lizenzverträge für geschützte Erfindungen (Ziff. 138) und auch für ungeschützte Erfindungen "mit Weltniveau" verwendet werden können (Ziff. 139).

Bei der Preisbildung werden u.a. folgende Faktoren berücksichtigt: die Erarbeitungskosten, der Neuheitsgrad, die bisherige Nutzungsdauer der Dokumentation, die Nutzungsbedingungen (Ziff. 140).

---

45) Näher dazu Simanovskij, Červjakov, V.I. 1986, Nr. 6, S. 32 f.; Il'in, ebenda, S. 36 f.

46) Deutscher Text in Uschakow, S. 661 f.

47) Vorob-eva, a.a.O., S. 91 f. m.w.N.

48) Bykow, S. 124; Schuster-Woldan, S. 164.

3. Die Musterregelungen des RGW im Bereich der neuen Technologie, insbesondere die Lizenzvertragsmuster

Die Lizenzvertragsmuster[49] wurden am 12.12.74 vom RGW angenommen. Sie sind nicht verbindlich, sondern dienen als Regelungsvorschlag bei Vertragsschlüssen und enthalten verallgemeinerte positive Erfahrungen[50]. Sie sind demnach für sozialistische Vertragspartner eine wichtige Orientierung für die Regelung von Einzelfragen bei Lizenzverträgen. Das wichtigste Vertragsmuster ist der allgemeine Lizenzvertrag. Für die Übergabe von wissenschaftlich-technischen Ergebnissen, die keine Erfindungen und kein Know-how beeinhalten (z.B. Muster und Modelle, Zeichnungen für die Herstellung von Maschinen[51]) finden sich in einer Anlage ergänzende Bedingungen. Weiter gibt es noch drei Lizenzvertragsmuster zur Übergabe von Know-how, zur unentgeltlichen Übergabe wissenschaftlich-technischer Ergebnisse und für Warenzeichen[52].

Weitere wichtige Vertragsmuster und Musterabkommen sind:

- Musterabkommen über wissenschaftlich-technische Zusammenarbeit bezüglich eines Problems,
- Musterbedingungen der Verträge über die Durch-

---

49) Deutscher Text in Uschakow, S. 783 f.; russischer Text: Primernye licenzionnye dogovory, Moskau 1975.

50) Vorobe-eva, a.a.O., S. 97.

51) Vgl. Text in Uschakow, S. 797 - die Abgrenzung zum Know-how ist unklar.

52) Primernye licenzionnye dogovory, S. 25 f., 43 f., 54 f.

führung wissenschaftlicher Forschungs-, Projektierungs-, Konstruktions- und experimenteller Arbeit auf der Grundlage der Kooperation, einschließlich Vertragsmustern dazu,

- Vertragsmuster für die Bestellung der Arbeiten der vorgenannten Art,
- Musterabkommen und Vertragsmuster über die zeitweise Errichtung eines internationalen wissenschaftlich-technischen Kollektivs und gemeinsamer Laboratorien,
- Musterregelungen über die materielle Verantwortlichkeit der Organisationen nach den Verträgen im Bereich der wissenschaftlich-technischen Zusammenarbeit[53].

4. Das Abkommen über die Grundlagen der wissenschaftlich-technischen Zusammenarbeit in der neuen Fassung[54]

Im Unterschied zur Fassung von 1972 wird hier die Möglichkeit des Lizenzvertrags für alle wissenschaftlich-technischen Ergebnisse, unabhängig von Niveau oder Schutzfähigkeit, als Regelfall genannt (Ziff. 139). Übergabe durch "unentgeltliche Lizenzverträge" soll in einzelnen Fällen möglich sein (Ziff. 144), wobei Nutzung im Empfängerland und Export in dritte Länder möglich ist, falls keine andere Vereinbarung vorliegt (Ziff. 145). Unentgeltlichkeit als Regelfall gibt es nur noch in einigen aufgezählten Fällen,

53) Aufzählung bei Vorob-eva, a.a.O., S. 97; Fundstellen und weitere Regelungen in Organizacionno-ekonomičeskie ..., S. 78 f.

54) Ebenda, S. 1 f.

wozu beispielsweise Know-how zur Sicherheitstechnik und zum Arbeitsschutz gehört (Ziff. 143).

Bei der Preisbildung in den Lizenzverträgen werden die Erarbeitungskosten, der Neuheitsgrad und der wirtschaftliche Effekt bei der Nutzung berücksichtigt (Ziff. 141). Vorob-eva weist aber auch auf die Möglichkeit hin, gewöhnliche Lizenzbedingungen der Preisbildung zugrundezulegen[55]. Für Einzelbedingungen wird auf die Musterverträge verwiesen (Ziff. 140, 144).

5. Regelungen im Bereich des Warenverkehrs und ihre Anwendbarkeit auf Lizenzverträge

Die folgenden Regelungen gelten nicht direkt für Lizenzverträge, teilweise wird aber ihre analoge Anwendbarkeit diskutiert:

- Allgemeine Lieferbedingungen für die Warenlieferungen zwischen den Organisationen der RGW-Mitgliedsländer von 1968/75 i.d.F. v. 1979 -ALB/RGW[56],
- Allgemeine Bedingungen für Montage und die Durchführung anderer technischer Hilfe im Zusammenhang mit den Lieferungen von Maschinen und Ausrüstungen zwischen den Organisationen

---

55) In: Boguslavskij, 1985, S. 212.

56) Deutscher Text in Uschakow, S. 546 f.; näher dazu Rosenberg, AH 1987, Nr. 6, S. 24 f.; Sas, 1978 und Warmbold, S. 48 f.

der Mitgliedsländer des RGW - AMB/RGW, 1979[57],

- Allgemeine Bedingungen für den Kundendienst für Maschinen, Ausrüstungen und andere Erzeugnisse, die zwischen den zur Durchführung von Außenhandelsoperationen berechtigten Organisationen der Mitgliedsländer des RGW geliefert werden (1973, i.d.F. v. 1982) - AKB/RGW[58],
- Allgemeine Bedingungen für die Spezialisierung und Kooperation der Produktion zwischen den Organisationen der Mitgliedsländer des RGW (1979) - ABSK/RGW[59].

In den Vertragsmustern des RGW zum allgemeinen Lizenzvertrag, des Know-how-Vertrags und des Lizenzvertrags zur unentgeltlichen Übergabe finden sich Verweise auf Regelungen der AMB/RGW für den Fall, daß in den Lizenzverträgen keine Regelungen zu finden sind (jeweils § 6.5). Solche Verweise gibt es auch für die ALB/RGW (§ 5.9 und 6.9 beim allgemeinen Lizenzvertrag; § 5.9 für Know-how-Vertrag und § 5.6 für den unentgeltlichen Lizenzvertrag).

In Verbindung mit solchen Regelungen hat sich die grundsätzliche Diskussion entwickelt, inwiefern die ALB/RGW allgemein zur Lückenfüllung bei Verträgen im Bereich der wissenschaftlich-technischen Zusammenarbeit herangezogen werden könnten. Die Meinungen

---

57) Deutscher Text in Uschakow, S. 591 f.

58) Deutscher Text ebenda, S. 615 f.

59) Deutscher Text ebenda, S. 636 f.; Aufzählung der Abkommen bei Vorob-eva, in: Boguslavskij, 1985, S. 96 f.

dazu sind in den RGW-Ländern geteilt[60]. Während Stimmen aus der DDR in den ALB/RGW eine Art "Allgemeinen Teil" des internationalen Vertragsrechts sehen[61], plädiert man in der Sowjetunion für die Anwendung des nationalen Rechts bei einer Regelungslücke. Sonst würden die Kollisionsregeln der anderen Allgemeinen Bedingungen außer Kraft gesetzt und die Normen, die für Lieferverträge gedacht seien, fälschlicherweise auf andere Vertragsarten angewendet[62].

Das erklärt, wieso für Regelungslücken in Lizenzverträgen in der sowjetischen Literatur keine Lösungsversuche durch analoge Heranziehung von Normen aus dem erwähnten Bereich zu finden sind.

6. Regelungen zur Streitbeilegung

1972 wurde die Konvention über die Schiedsgerichtsbarkeit in Zivilsachen[63] beschlossen. Darin ist als zuständiges Schiedsgericht in Zivilsachen dasjenige an der Handelskammer im Land des Beklagten genannt (Art. II, falls keine andere Vereinbarung).

---

60) Dazu kurz Osterland, Humml, RiA 1970, Nr. 3, S. 1 f. (2, 3).

61) Dazu Hinweis bei Kamenova, S. 99 f.

62) Lunc und Rozenberg, zitiert nach Kamenova, S. 100; dazu auch Rozenberg, 1983, S. 18, 19 und Baru, MSP, 1985, Vyp. 36, S. 3 f.

63) Russischer Text mit deutscher Übersetzung im Gesetzblatt der DDR I, 1972, Nr. 13, S. 220 f., zitiert nach Uschakow, S. 821.

Einige der oben genannten Abkommen enthalten eigene Schiedsklauseln (z.B. die ALB/RGW und das Grundlagenabkommen von 1972), andere nehmen auf die Schiedsgerichtskonvention Bezug (z.B. die ABSK/RGW, § 53).

III. Das Verhältnis der Lizenzverträge mit sozialistischen Parteien zu Lizenzverträgen mit kapitalistischer Beteiligung und zur innersowjetischen Regelung

Die dargestellte Entwicklung der Rechtsgrundlagen zum Technologietransfer im RGW seit 1949 zeigt als Ausgangspunkt die unentgeltliche Übergabe ohne zivilrechtlichen Vertrag und als gegenwärtigen Zustand den Regelfall des entgeltlichen Lizenzvertrags.

Vergleicht man die Art des Technologietransfers im RGW in den fünfziger Jahren mit der innersowjetischen Ausgestaltung, so ergeben sich noch Parallelen: die Besonderheit, daß die Übergabe ohne zivilrechtlichen Vertrag vorgesehen war und innerhalb der Sowjetunion in Teilbereichen noch ist[64], die Art des Kostenersatzes, die Beschränkung der Weitergabe des übergebenen Wissens. In der Zielsetzung der Transferregelungen der beiden Geltungsbereiche bestand aber insoweit ein Unterschied, als man auf

64) Man kann nach dem Sinn dieser Regelung fragen, die innerhalb der Sowjetunion durch eine Erläuterung zum Übergabevertrag nochmals bekräftigt worden ist. Vorob-eva, in: Boguslavskij, 1985, S. 202 f., sagt - mit Blick auf die RGW-Regelung -, daß mangels Vertrag auch keine Garantie und keine Haftung festgelegt gewesen sei.

internationaler Ebene darauf achtete, sich keine Exportmärkte zu zerstören[65], während national eine möglichst weitreichende Verbreitung neuen Wissens angestrebt wurde.

Anfang der siebziger Jahre wurde der entgeltliche Lizenzvertrag in den RGW-Abkommen aufgenommen - als Möglichkeit neben der unentgeltlichen Übergabe und mit Angabe der bei der Preisbildung zu beachtenden Gesichtspunkte. Eine Preisbildung durch Bezug auf den Nutzungsgewinn des Lizenznehmers war nicht ausdrücklich vorgesehen, aber möglich. Durch die offizielle Einführung der Entgeltlichkeit ist für die internationale Ebene ein zentraler Gesichtspunkt entfallen, mit dem ein prinzipieller Unterschied der sozialistischen Technologietransferverträge gegenüber den kapitalistischen Lizenzverträgen begründet werden konnte.

Neuere Abgrenzungen zwischen sozialistischen und kapitalistischen Lizenzverträgen stellen nur noch auf Regelungen von Einzelfragen ab[66], vor allem der Preisbildung[67], wobei die Orientierung an Erarbeitungskosten als typisch für sozialistische und am Nutzungsgewinn als typisch für kapitalistische Lizenzverträge dargestellt wird[68]. Boguslavskij und Vorob-eva erläutern zwar die gängigen Klauseln der kapitalistischen und sozialistischen Lizenzverträge

65) S.o., 3. Abschn., B, I, 2, a.

66) Z.B. Vorob-eva, a.a.O., S. 208 f.

67) Z.B. Kamenova, S. 59.

68) Trachtengerc, nach Vorob-eva, a.a.O., S. 212.

getrennt[69], ein prinzipieller Unterschied ist aber nicht mehr erkennbar. Gorodisskij macht keine Unterteilung und weist darauf hin, daß die Klauseln in Lizenzverträgen zwischen RGW-Ländern den allgemein üblichen im internationalen Lizenzhandel entsprächen[70].

C. Die Arten der Lizenzverträge im sowjetischen Recht

Vorweg kann schon gesagt werden, daß hier weitgehende Parallelen zu westlichen Regelungen bestehen.

I. Abgrenzung der Abtretung des Patents von der "vollen" Lizenz

Bei Vergabe einer Lizenz ändert sich nichts an der Inhaberschaft des Patents. Bei Abtretung des Patents verliert der Patentinhaber alle Rechte und der Erwerber erhält alle Rechte aus dem Patent, insbesondere das Klagerecht gegen Patentverletzer. Der Vertrag wird gewöhnlich als Kaufvertrag angesehen[71].

Von der rechtlichen Wirkung her gesehen liegt die sogenannte "volle Lizenz" (polnaja licenzija) am nächsten bei der Patentabtretung. Der Lizenznehmer hat die Rechte, die auch dem Patentinhaber zustehen, allerdings nur für die Dauer des Lizenzvertrags.

69) Ebenda, Boguslavskij, S. 152 f. und Vorob-eva, S. 198 f.

70) Gorodisskij, S. 23.

71) Boguslavskij, 1985, S. 158.

Der wirtschaftliche Effekt von voller Lizenz und Patentabtretung ist nach sowjetischer Auffassung dann der gleiche, wenn die Dauer des Lizenzvertrags der des Patents entspricht[72].

II. Verschiedene Klassifizierungen

Die gängigste Klassifizierung ist die Unterscheidung nach ausschließlicher und einfacher Lizenz. Im ersten Fall hat der Lizenznehmer das Recht, den Lizenzgegenstand entsprechend den Vertragsbedingungen im Vertragsgebiet ausschließlich allein zu nutzen. Im zweiten Fall bleibt dem Lizenzgeber das Recht, auf demselben Gebiet noch weitere einfache Lizenzen zu vergeben[73].

Eine andere Unterteilung stellt darauf ab, ob sich die Lizenz auf ein Patent (Patentlizenz - patentnaja licenzija), auf Know-how oder eine sonstige technische Information (patentlose Lizenz - bespatentnaja licenzija) bezieht oder auf eine Verbindung beider Elemente (komplexe Lizenz - kompleksnaja licenzija), wobei die letzte Art große praktische Bedeutung hat, weil eine reine Patentlizenz heute in der

---

72) Boguslavskij, 1963, S. 180.

73) Ders., 1985, S. 165; Gorodisskij, S. 52; ausführlicher Boguslavskij, 1963, S. 176 f. Da die Definitionen auf die Vertragsbedingungen Bezug nehmen (ausschließliche Nutzung entsprechend den Vertragsbedingungen), ist es, um Zweifel auszuschließen, ratsam, bei der ausschließlichen Lizenz genau festzulegen, inwieweit der Lizenzgeber neben dem Lizenznehmer noch Nutzungsrechte hat. Vgl. auch 3. Abschn., K, I, 1.

Regel ohne zusätzliche Informationen kaum noch genutzt werden kann[74].

Schließlich wird noch unterschieden, ob neben der Lizenz noch die Lieferung von Anlagen vorgesehen ist (kombinierter Vertrag - kombinirovannyj dogovor)[75] und ob im Vertrag gleichzeitig die Vergabe einer ausschließlichen und einer einfachen Lizenz festgelegt ist (gemischte Lizenzen - licenzii smešannogo tipa)[76].

Weitere Klassifizierungen beziehen sich auf den Unterschied zwischen Produktions- und Handelslizenz sowie zwischen Vorvertrag und Lizenzvertrag[77].

D. Vertragsparteien und andere Beteiligte

I. Die Organisation des sowjetischen Außenhandels im Lizenzbereich und die sich daraus ergebenden Probleme

1. Allgemeine Regelung, Entwicklung und Probleme

In der Sowjetunion dürfen am Außenhandel nur Rechtssubjekte teilnehmen, die speziell dazu berechtigt sind[78]. Dieser Kreis ist durch die Reform der

74) Boguslavskij, in: Pozdnjakov, 1987, S. 113.

75) Kamenova, S. 49.

76) Boguslavskij, 1985, S. 166.

77) Dazu Boguslavskij, 1985, S. 163 f., 166, 167.

78) Buredin, Potapov, S. 10 f.; Pozdnjakov, 1987, S. 15 f.

Struktur des Außenhandels stark erweitert worden[79]. Bisher waren sowjetische Unternehmen, die über Patente im Ausland oder über Know-how verfügten, das für Ausländer interessant war, nicht außenhandelsberechtigt, ebensowenig wie sowjetische Unternehmen, die ausländische Technologie anwenden wollten. Im Regelfall traten als Vertragspartner spezialisierte Außenhandelsorganisationen auf. Auch sie standen meist nicht in unmittelbarer juristischer Verbindung mit dem sowjetischen Unternehmen, das technisches Wissen übertragen oder erwerben wollte. In der Regel waren noch die dem Unternehmen vorgesetzten Ministerien zwischengeschaltet. Dadurch war eine Aufspaltung der juristischen und der "faktischen" Vertragspartner bei sowjetischen Außenhandelsverträgen gegeben, die der praktischen Durchführung der Verträge nicht förderlich war[80].

Durch die erwähnte Reform wurden diese Probleme entschärft, weil die Rechte sowjetischer Betriebe bei der Aufnahme direkter Beziehungen mit Betrieben

79) Wichtige Neuregelung in SP SSSR 1986, Nr. 33, st. 172; Überblick über die Veränderungen und die neuen Rechtsgrundlagen bei Rjasencev, V.I. 1987, Nr. 11, S. 22 f., Svjadosc, V.I. 1987, Nr. 6, S. 26 f.; dazu auch Boguslavskij, Smirnov, P.S., SGiP 1987 Nr. 6, S. 29 f.; zum staatlichen Außenhandelsmonopol unter den neuen Bedingungen: Boguslavskij, VT 1988, Nr. 4, S. 5 f.; vgl. auch Šamraj, VT 1987, Nr. 4, S. 2 f.; zur Wirkung des sowjetischen Außenhandelsmonopols in der BRD: Brenscheidt, AWD 1974, S. 322.

80) Dazu ausführlich Vorob-eva, S. 36 f.

anderer RGW-Staaten erweitert wurden[81] und ein Teil der Betriebe eine unbeschränkte Berechtigung zum Außenhandel erhalten hat[82]. Darüberhinaus haben über 20 Ministerien die Berechtigung zum Außenhandel und zur Gründung von Außenhandelsorganisationen bekommen[83]. Das Außenhandelsministerium (Ministerstvo vnešnej torgovli) und das Staatskomitee für außenwirtschaftliche Beziehungen (Gosudarstvennyj komitet po vnešnim ekonomičeskim svjazjam) wurden zum Ministerium für Außenwirtschaftsbeziehungen (Ministerstvo vnešnich ekonomičeskich svjazej) zusammengelegt[84].

81) Mitte 1987 bestanden etwa 400 solcher Direktbeziehungen, vgl. Pitowranow, AH 1987, Nr. 10, S. 11; dazu auch Mironow, Stromow, AH 1987, Nr. 10, S. 17 f.

82) SP SSSR 1986, Nr. 33, st. 172, S. 587 f.; vgl. auch die Ordnung zur Verwirklichung direkter Beziehungen zwischen sowjetischen Betrieben und Betrieben anderer RGW-Länder in: VT 1987, Nr. 5, Beiblatt. Mitte 1987 waren 76 Betriebe außenhandelsberechtigt, auf die 20 % des sowjetischen Außenhandelsumsatzes entfielen, vgl. Baturin, Demtschuk, AH 1987, Nr. 10, S. 14; dazu auch Peskov, V.I. 1987, Nr. 7, S. 2 f. (4); Schkarenkow, AH 1987, Nr. 8, S. 2.

83) Verzeichnis der Außenhandelsorganisationen in AH 1987, Nr. 7, S. 2 f.

84) VVS SSSR 1988, Nr. 3, st. 43, S. 44; vgl. auch Ivanov, VT 1988, Nr. 4, S. 2 f.

2. Die Außenhandelssubjekte im Bereich des Technologietransfers

a) Licenzintorg

1962 wurde die Außenhandelsorganisation Licenzintorg gegründet[85]. Sie ist eine juristische Person mit wirtschaftlicher Rechnungsführung und war dem Außenhandelsministerium unterstellt, das jetzt im Ministerium für Außenwirtschaftsbeziehungen aufgegangen ist (Ziff. 1 des Statuts). Ihre Hauptaufgabe besteht in der Durchführung des kommerziellen Austauschs von Patenten, Lizenzen, Know-how und anderen gewerblichen Schutzrechten. Dazu gehört auch die Teilnahme an internationalen Ausstellungen und die Werbung für sowjetisches technisches Wissen (vgl. Ziff. 10 mit Aufgabenliste). Für verschiedene Teilbereiche gibt es spezialisierte Firmen (Ziff. 6), die aber keine juristischen Personen sind und nur im Namen und Auftrag von Licenzintorg Außenhandelsverträge schließen (Ziff. 7, 8).

b) Vneštechnika

Es handelt sich um eine Außenhandelsorganisation, die 1967 gegründet wurde und dem Staatskomitee für

85) Statut in Zakonodatel'stvo, Bd. 3, S. 82 f., deutsch in AH 1979, Nr. 10, S. 52 f.; näher zur Tätigkeit: Ignatow, AH 1987, Nr. 8, S. 21 f., Ignatov, V.I. 1987, Nr. 11, S. 50 f., Muchopad, V.I. 1986, Nr. 2, S. 54 f.; vgl. auch neue Rechtsgrundlage für Außenhandelsorganisationen in SP SSSR 1987, Nr. 6, st. 24, S. 100 f.

Wissenschaft und Technik untersteht. Vneštechnika ist wie Licenzintorg eine juristische Person mit wirtschaftlicher Rechnungsführung. Ihre Hauptaufgabe besteht in der Organisation von Forschungsarbeiten auf der Grundlage wissenschaftlich-technischer Kooperation oder auf Bestellung. Soweit der Kauf und Verkauf von Lizenzen in diesen Bereich fällt, wird er ebenfalls von Vneštechnika abgewickelt. Dadurch können sich Berührungspunkte mit dem Tätigkeitsfeld von Licenzintorg ergeben[86].

c) Die Außenhandelsfirmen der sowjetischen Unternehmen

Unternehmen mit Außenhandelsberechtigung gründen zur Übernahme dieser Aufgabe Firmen mit wirtschaftlicher Rechnungsführung, die jedoch keine juristischen Personen sind und die Verträge nur im Namen des Unternehmens abschließen können[87].

---

86) Überblick über die Aufgaben von Vneštechnika bei Rybak, VT 1987, Nr. 8, S. 25 f., vgl. auch Sinicyn, VT 1982, Nr. 10, S. 20 f.; Statut in Bjul. NAM SSSR 1982, Nr. 12, S. 3 f.

87) Svjadosc, V.I. 1987, Nr. 6, S. 26 f. (28, 29) mit Angabe der Rechtsgrundlagen); Liste der neugegründeten Außenhandelsfirmen der sowjetischen Unternehmen in AH 1987, Nr. 4, Beiblatt; Musterregelung in SP SSSR 1987, Nr. 6, st. 24, S. 111 f.; allgemein zur rechtlichen Selbständigkeit sozialistischer Unternehmen Enderlein, RIW 1985, S. 333.

d) Gemeinschaftsunternehmen[88]

Seit Anfang 1987 ist auch in der Sowjetunion die Bildung von Gemeinschaftsunternehmen mit Partnern aus dem sozialistischen und kapitalistischen Ausland möglich[89]. Die folgende, kurze Darstellung beschränkt sich auf die Gemeinschaftsunternehmen mit kapitalistischen Partnern. Diese Unternehmen sind juristische Personen des sowjetischen Rechts mit wirtschaftlicher Rechnungsführung und Außenhandelsberechtigung. Bei der Lizenzproblematik kann man zwei Fälle unterscheiden:

1. Zum einen können die Unternehmen Lizenzen für ihnen gehörende Schutzrechte vergeben und auch Lizenzen für fremde Schutzrechte kaufen. Für urheberscheingeschützte Erfindungen in der Sowjetunion

88) Allgemein dazu Muchamedšin, V.I. 1988, Nr. 3, S. 23 f., Smirnov, P., VT 1988, Nr. 1, S. 47 f., Voznessenskaja, SGiP 1988, Nr. 1, S. 117 f., Boguslavskij, RIW 1988, S. 161 f., Smirnow, P., AH 1987, Nr. 9, S. 42 f., Schweisfurth, RIW 1987, S. 489 f., Il'in, V.I. 1987, Nr. 7, S. 35 f., Nguen Van Luen, Vest. M.U. 1987, Nr. 5, S. 66 f., Fedorov, VT 1987, Nr. 2, S. 12 f., Bubnov, S. 50 f.; praktisches Beispiel: Matveeva, VT 1988, Nr. 2, S. 22 f., Durnev, VT 1987, Nr. 6, S. 12 f.; zu gewerblichen Schutzrechten in Gemeinschaftsunternehmen: Beier, RIW 1988, S. 166 f.

89) Rechtsgrundlage: SP SSSR 1987, Nr. 8, st. 38, in Verbindung mit ebenda, 1987, Nr. 40, st. 129 und Nr. 41, st. 136, für Unternehmen mit sozialistischen Partnern und SP SSSR 1987, Nr. 9, st. 40 für Unternehmen mit kapitalistischen Partnern; Änderung in Ekonomičeskaja gazeta, 1987, Nr. 41, S. 18 (auch in VT 1987, Nr. 11, S. 4 f.); beachte auch SP SSSR 1987, Nr. 26, st. 385, S. 427, dazu Bodewig, in: GRUR Int. 1988, S. 375 und VVS SSSR 1987, Nr. 2, st. 35 in Verbindung mit ebenda 1988, Nr. 12, st. 185.

kommt es durch die Gemeinschaftsunternehmen zu einer neuen Konstellation: Da die Unternehmen nicht zu den in § 27 Abs. 1 der Erfinderverordnung aufgezählten Nutzungsberechtigten gehören[90], müßte für sie nach § 27 Abs. 2 der Erfinderverordnung vor der Nutzung eine staatlichen Zustimmung nötig sein. Fraglich ist aber die Anwendbarkeit dieser Bestimmung, weil im Ergebnis dann ein ausländisches Unternehmen mittelbar - über das Gemeinschaftsunternehmen - eine sowjetische Erfindung ohne Zahlung einer Lizenzgebühr nutzen könnte[91].

2. Zum anderen können gewerbliche Schutzrechte durch Lizenzierung in die Unternehmen als Einlage eingebracht werden. Solange die juristische Person Inhaberin der Schutzrechte ist, an denen sie Nutzungsrechte als Einlage einbringt, besteht zur ersten Variante kein wesentlicher Unterschied - z.B. wenn der sowjetische Partner dem Gemeinschaftsunternehmen als Einlage eine Lizenz an einem ihm gehörenden sowjetischen Warenzeichen gibt[92]. Unklar ist die Rechtslage bei urheberscheingeschützten Erfindungen, die die sowjetische Seite einbringen will[93]. Naheliegend wäre wieder die Anwendung von § 27 Abs. 2 der Erfinderverordnung. Hier ist aber zu bedenken, daß

90) Vgl. Beier, RIW 1988, S. 166 f. (169) für den vergleichbar gelagerten Fall der Einbringung einer Lizenz durch die sowjetische Seite.

91) Unter der Prämisse, daß die Zustimmung unentgeltlich erteilt wird.

92) Vgl. auch Muchamedšin, V.I. 1988, Nr. 3, S. 23 f. (27 f.), der von einem Lizenzvertrag als Bestandteil des Gründungsdokuments des Gemeinschaftsunternehmens spricht.

93) Dazu Beier, ebenda, S. 169, 170.

die Zustimmung dann nicht nur die Nutzung unmittelbar in der Produktion sondern auch die Lizenzierung umfassen müßte. Hier stellt sich die Frage, ob der dem sowjetischen Lizenzierungsunternehmen durch Lizenzvergabe und deren Verrechnung als Einlage zugeflossene wirtschaftliche Wert bei ihm verbleiben solle[94] oder an den Staat als Inhaber des Ausschlußrechts abzuleiten sei.

Diese Probleme zeigen, daß die neue Rechtsform Gemeinschaftsunternehmen noch nicht voll in das sowjetische Rechtssystem integriert ist.

In der neuesten sowjetischen Literatur werden die Probleme gesehen, die bei der Nutzung von urheberscheingeschützten Erfindungen oder gewerblichen Mustern durch die Gemeinschaftsunternehmen bestehen. In diesem Zusammenhang wird die Notwendigkeit von Gesetzesänderungen dahingehend betont, daß die sowjetischen Teilhaber an Gemeinschaftsunternehmen in die Lage versetzt werden, Nutzungsrechte für urheberscheingeschützte Objekte an die Gemeinschaftsunternehmen zu vergeben[95]. Über die juristische

94) Durch die Verrechnung der Lizenz als Einlage wird der Vorteil neutralisiert, den der ausländische Vertragspartner bei der Nutzung einer urheberscheingeschützten Erfindung erlangt, die aufgrund einer Zustimmung entsprechend der Fallgestaltung unter 1. genutzt wird. Der Vorteil wird durch die Verrechnung als Einlage auf den sowjetischen Beteiligten am Gemeinschaftsunternehmen übergeleitet. Davon zu unterscheiden ist der dem sowjetischen Beteiligten aus der Nutzung in der Produktion zufließende Vorteil, der ja von der Zielsetzung des § 27 Abs. 2 der Erfinderverordnung abgedeckt ist.

95) Muchamedšin, ebenda, S. 26.

Konstruktion, insbesondere das Verhältnis des sowjetischen Vertragspartners zum Staat als Inhaber des Ausschlußrechts am urheberscheingeschützten Objekt werden ebensowenig Ausführungen gemacht, wie über die Konstruktion einer Nutzung bei der jetzt noch gültigen Rechtslage.

e) Sonstige Außenhandelssubjekte

Oft werden Lizenzen im Zusammenhang mit dem Kauf oder Verkauf großer Anlagen vergeben. Für die Lizenzen ist dann die Außenhandelsorganisation zuständig, die Vertragspartner beim Kauf oder Verkauf der Anlage ist[96].

II. Die sowjetische Seite als Lizenzgeber

1. Vorbereitung des Lizenzverkaufs ins Ausland[97]

Für den Verkauf von Lizenzen ist immer eine Erlaubnis nötig. Federführend in diesem Bereich ist das Staatskomitee für Wissenschaft und Technik. Der Lizenzverkauf wird in die entsprechenden Pläne aufgenommen. Diese Aufnahme entspricht einer Erlaubnis. Wenn sich die Frage des Lizenzverkaufs erst nach Aufstellung der Pläne ergibt, ist eine besondere

96) Markov, in: Pozdnjakov, 1986, S. 108.

97) Dazu Boguslavskij, in: Rjasencev, 1984, S. 242 f.

Erlaubnis durch das genannte Staatskomitee nötig[98].

Die Vorschläge gehen von den Unternehmen aus, die die neue Technik erarbeiten und gelangen über die vorgesetzten Behörden zum Komitee für Erfindungen und Entdeckungen[99], das sie prüft, mit den Außenhandelsorganisationen abstimmt und dem Staatskomitee für Wissenschaft und Technik vorlegt. Dabei werden schriftliche Unterlagen zusammengestellt, die Auskunft geben über das technische Niveau, die wirtschaftliche Effektivität, die Erarbeitungskosten usw.[100]. Die Ausarbeitungsunternehmen sind verpflichtet, Werbematerial vorzubereiten[101].

2. Der sowjetische Vertragspartner

Wenn das sowjetische Unternehmen, das über die neue Technik verfügt, außenhandelsberechtigt ist, kann es als Lizenzgeber direkt mit dem ausländischen Lizenznehmer in vertraglichen Kontakt treten. Diese Möglichkeit besteht seit einiger Zeit.

Kompliziert ist die Situation, wenn ein Außenhandelsunternehmen eingeschaltet werden muß, das ja

98) Ebenda, S. 243.

99) Aus der oben genannten Umorganisation (2. Abschn., D, I, 2) ist für den vorliegenden Aufgabenbereich keine Änderung zu entnehmen.

100) Vgl. die Instruktion über die Arbeitsregelung zum Lizenzverkauf, s.o. 3. Abschn., A, II, 3.

101) Boguslavskij, a.a.O., S. 246.

nicht selbst Inhaber der sowjetischen Schutzrechte im Ausland ist. Früher gab es in der sowjetischen Praxis einige Fälle, in denen die Außenhandelsorganisation, in der Regel Licenzintorg, als Vertreterin des sowjetischen Patentinhaberunternehmens handelte[102]. Vertragspartner war also das Patentinhaberunternehmen. Heute tritt Licenzintorg im Regelfall aber selbst als Vertragspartner auf[103]. Meistens wird in den Lizenzverträgen dann festgestellt, daß das Patentinhaberunternehmen Licenzintorg das Recht gewährt habe, im eigenen Namen zu verhandeln und Lizenzen zu vergeben[104].

In der sowjetischen Praxis werden zwischen Patentinhaberunternehmen und Außenhandelsorganisation entsprechende Abreden aber nicht getroffen[105]. Es stellt sich also die Frage, mit welcher juristischen Konstruktion Licenzintorg in die Lage versetzt wird, Lizenzen an fremden Schutzrechten zu vergeben. Das hat z.B. Bedeutung für die Klageberechtigung einer Außenhandelsorganisation bei Patentverletzungsklagen im Ausland. Vorob-eva schlägt eine Vereinbarung zwischen Unternehmen und Außenhandelsorganisation im Sinne der erwähnten Feststellung in den Lizenzverträgen vor[106].

Neben dieser lizenzvertraglichen Lösung für das

---

102) Boguslavskij, SGiP 1968, Nr. 5, S. 53 f. (56).

103) Vorob-eva, S. 87.

104) Ebenda, S. 87; Gorodisskij, S. 48 f.

105) Vorob-eva, S. 87.

106) Ebenda, S. 90.

Verhältnis Unternehmen-Außenhandelsorganisation[107] stellt Svjadosc eine originäre, vom Staat verliehene Berechtigung der Außenhandelsorganisation zur Diskussion, indem er eine Aufspaltung der operativen Verwaltung der Erfindung in die Bereiche Patentierung (durch Erarbeitungsunternehmen) und Nutzung (durch Außenhandelsorganisation) postuliert[108]. Er gerät damit allerdings in Begründungsnot für die erwähnte Klageberechtigung der Außenhandelsorganisation. Gorodisskij möchte das sowjetische Patentinhaberunternehmen den Vertrag mitunterschreiben lassen[109] und Boguslavskij hat in den sechziger Jahren vorgeschlagen, daß das Patentinhaberunternehmen, von Licenzintorg vertreten, als Lizenzgeber auftrete[110].

Diese Frage der juristischen Konstruktion ist ungeklärt, und so erscheint es verständlich, daß in der Praxis ausländische Unternehmen vor Abschluß eines Lizenzvertrags die Übertragung des Patents vom sowjetischen Unternehmen auf die Außenhandelsorganisation gefordert haben und diese Forderung auch erfüllt wurde[111].

Bei der Erfüllung der Pflichten aus einem Lizenzvertrag mit Licenzintorg als Vertragspartner besteht in der Regel im sowjetischen "Innenverhältnis"

---

107) So Svjadosc, 1980, S. 182.

108) Ebenda, S. 183 f.

109) Gorodisskij, S. 50.

110) Boguslavskij, 1963, S. 192.

111) Mündliche Auskunft von Frau Vorob-eva, Mitarbeiterin des IGPAN; Beispiel bei Gorodisskij, S. 49, auch zu Problem bei der Vertragserfüllung.

zwischen Licenzintorg und dem Unternehmen keine unmittelbare Rechtsbeziehung. Der sogenannte "Generallieferant" (general'nyj postavščik), eine Wirtschaftsorganisation des Ministeriums, das dem Patentinhaberunternehmen vorgesetzt ist, ist dazwischengeschaltet[112]. Licenzintorg gibt im Regelfall die im Lizenzvertrag dem ausländischen Lizenznehmer gegenüber übernommenen Verpflichtungen durch "Leistungsauftrag" (narjad-zakaz)[113] an den Generalunternehmer weiter, der seinerseits durch "Leistungsauftrag" das Patentinhaberunternehmen verpflichtet[114].

Diese innersowjetische Regelung hat dazu geführt, daß bei Vertragsverhandlungen nicht nur Vertreter der Außenhandelsorganisationen - als Vertragspartner - sondern auch Vertreter des "Generallieferanten" und der betroffenen sowjetischen Unternehmen - als "Berater" (konsul'tanty) - anwesend sind. Oft werden in Vorverhandlungen mit den "Beratern" schon die technischen Fragen geklärt, so daß bei den Verhandlungen mit der Außenhandelsorganisation die kommer-

112) Dazu näher Vorob-eva, S. 43 f.; auch Markov, in: Pozdnjakov, 1986, S. 109 und Gorodisskij, S. 167 f.

113) Zur Frage nach dessen Rechtsnatur - Verwaltungsakt oder einseitiges Rechtsgeschäft - Vorobeva, S. 90 f.; allgemein zum Verhältnis Außenhandelsorganisation - sowjetisches Produktionsunternehmen bei Außenhandelsgeschäften und zu der bevorstehenden Einführung vertraglicher Beziehungen: Kuršinov, VT 1987, Nr. 9, S. 44 f.; zur sowjetischen Binnenwirtschaftsreform auch Paezold, ROW 1988, S. 31 f. und Gralla, Leonhardt, ebenda, S. 46 f., 126 f.

114) Gorodisskij, S. 171.

zielle Seite im Vordergrund steht[115].

Nachdem jetzt eine Reihe von sowjetischen Unternehmen die Berechtigung zum Außenhandel bekommen hat, ist der Geltungsbereich dieser schwerfälligen Regelung[116] etwas eingeschränkt worden.

III. Die sowjetische Seite als Lizenznehmer

1. Vorbereitung des Lizenzkaufs

Wie beim Verkauf ist eine Erlaubnis nötig. Das Staatskomitee für Wissenschaft und Technik ist federführend. Auch der Kauf von Lizenzen wird in die Pläne aufgenommen[117]. Die Vorschläge kommen von interessierten sowjetischen Unternehmen und müssen Angaben über die Notwendigkeit des Lizenzkaufs, des Nutzens, des benötigten Know-hows usw. enthalten[118].

2. Der sowjetische Vertragspartner

Wenn das sowjetische Unternehmen, das die ausländische Technologie nutzen will, außenhandelsberechtigt

---

115) Vorob-eva, S. 84 f.

116) Zwischen Aufnahme des Vorhabens in die Pläne bis zum Vertragsschluß können mehrere Jahre ins Land gehen, ebenda, S. 73.

117) Boguslavskij, in: Rjasencev, 1984, S. 242; Gorodisskij, S. 183.

118) Boguslavskij, ebenda, S. 247.

ist, kann es selbst den Vertrag mit dem Lizenzgeber abschließen.

Ansonsten ist die Lage ähnlich wie beim Verkauf von Lizenzen, d.h. Vertragspartner ist die Außenhandelsorganisation[119].

Im sowjetischen "Innenverhältnis" besteht zwischen der Außenhandelsorganisation und deren Auftraggeber für den Lizenzkauf ein Kommissionsverhältnis. Bei der Frage, wer dabei als Komitent auftrete, ist die sowjetische Literatur nicht ganz klar. Nach Markov treten das Unternehmen oder die Organisationen, für die die Lizenz gekauft wurde, als Komitent auf[120]. Boguslavskij äußert sich ähnlich[121]. In einer früheren Stellungnahme sagt er aber, daß gewöhnlich die Fachbereichsministerien als Besteller aufträten[122]. Vorob-eva führt aus, daß zwischen Licenzintorg und dem Nutzungsunternehmen keine direkten Rechtsbeziehungen bestünden und daß Ministerien und Behörden die Auftraggeber seien[123].

---

119) Vorob-eva, S. 113, 114; Boguslavskij, in: Pozdnjakov, 1987, S. 118; Markov, in: Pozdnjakov, 1986, S. 109. Bei Gorodisskij (1972) ist noch vom "wahrscheinlicheren" Fall der Vertreterstellung von Licenzintorg die Rede, S. 58.

120) In: Pozdnjakov, 1986, S. 109. Seine weiteren Ausführungen legen es nah, unter "Unternehmen" das Nutzungsunternehmen zu verstehen.

121) In: Pozdnjakov, 1987, S. 118.

122) Boguslavskij, 1985, S. 177.

123) Vorob-eva, S. 100, 59; vgl. auch Gorodisskij, S. 185.

Zur Klärung der technischen Fragen wirken die Vertreter des Unternehmens bei den Lizenzvertragsverhandlungen als "Berater" mit[124].

E. Begriff und Gegenstand des Lizenzvertrags

Der Begriffsdefinition legt die neuere sowjetische Literatur oft eine Formulierung aus einer Instruktion des Staatskomitees für Erfindungen und Entdeckungen zugrunde, in der unter einer Lizenz die Gewährung von Rechten zur Nutzung von Erfindungen, anderen in der Sowjetunion oder im Ausland geschützten Objekten und Know-how verstanden wird[125].

I. Patentlizenzvertrag

Nach Art. 14 Abs. 3 Grundlagen der Zivilgesetzgebung und Art. 48 GK RSFSR ist ein Rechtsgeschäft unwirksam, wenn es nicht den Anforderungen des Gesetzes entspricht. Zu diesen Fällen zählt die sowjetische Rechtswissenschaft auch den Wegfall eines notwendigen Bestandteils des Rechtsgeschäfts[126]. Auch der Gegenstand eines Lizenzvertrags gehört

124) Vorob-eva, S. 112.

125) Instruktion über die Arbeitsordnung für den Verkauf von Lizenz (s.o., 3. Abschn., A, II, 3), Ziff. 1.2 und 1.6, vgl. z.B. Zenin, SGiP 1983, Nr. 6, S. 54 f. (56) und Markov, in: Pozdnjakov, 1986, S. 101.

126) Svjadosc, V.I. 1980, Nr. 6, S. 14 f. (16).

dazu, so daß seine genaue Bestimmung wichtig ist. Früher wurde das Patent als Vertragsgegenstand angesehen[127]. Das führte bei einigen Fallgestaltungen zu Problemen: Danach müßte immer, wenn ein Patent wegfällt oder noch nicht erteilt ist, Art. 48 GK RSFSR eingreifen. Vor diesem Hintergrund hat sich dann die Meinung durchgesetzt, daß als Vertragsgegenstand das Recht der Nutzung der Erfindung anzusehen sei[128].

II. Know-how-Vertrag

Er hat in der internationalen Praxis größere Bedeutung als der Patentlizenzvertrag[129]. In der genannten Instruktion (Ziff. 1.3) wird Know-how als Erfahrung und technisches Wissen bezeichnet, das nicht allgemein bekannt, in Produktion und Wirtschaft anwendbar und im Ausland nicht geschützt ist, einschließlich Methoden und Fertigkeiten zur Planung und Herstellung von Gegenständen sowie Wissen und Erfahrung in den Bereichen Verwaltung, Wirtschaft

127) Vgl. Boguslavskij, 1985, S. 158 und Gorodisskij, S. 28 f. Svjadosc, 1986, S. 114 f., geht wohl noch davon aus.

128) Gorodisskij, S. 28 f.; Zenin, a.a.O., S. 58. Čepeleveckij, S. 5, sieht die Erfindung als Vertragsgegenstand. Kurze Zusammenfassung der früher vertretenen Meinungen bei Boguslavskij, 1963, S. 167 f.

129) Boguslavskij, in: Pozdnjakov, 1987, S. 110; auch Pfaff, RIW 1982, S. 381 f., auf den sich Boguslavskij, 1985, S. 156, beruft.

und Finanzen[130]. In der sowjetischen Binnenwirtschaft wird der Begriff Know-how nicht verwendet[131].

In der Literatur gibt es zahlreiche Definitionsversuche. Bei ihnen finden Bestrebungen, auf internationaler Ebene rechtliche Regelungen des Know-how zu entwickeln, starke Beachtung[132].

Manchmal wird der Know-how-Begriff mit dem innersowjetischen Rationalisierungsvorschlag verglichen[133]. Gegenüber gewissen Parallelen wird aber vor allem der Unterschied betont, daß die rechtliche Ausgestaltung des Rationalisierungsvorschlags auf dessen möglichst breite Anwendung in der sowjetischen Wirtschaft ausgerichtet sei, während beim Know-how ein zentraler Gesichtspunkt die Geheimhaltung und begrenzte Zugänglichkeit sei[134].

Inhaltlich gehen die Definitionsversuche in die Richtung der oben genannten Rechtsnorm.

Sie entheben in der Praxis die Vertragsparteien nicht der Aufgabe, den Vertragsgegenstand möglichst genau und konkret zu beschreiben, weil auch bei

130) Vgl. Zenin, a.a.O., S. 56.

131) Boguslavskij, in: Einleitung zu Štumpf, 1976, S. 7; Belov, VT 1978, Nr. 3, S. 38 f. (40).

132) Z.B. Mel'nikov, S. 21 f.; Belov, a.a.O.; Laskov, V.I. 1972, Nr. 7, S. 49 f., jeweils mit Überblick über Definitionen.

133) Boguslavskij, a.a.O., S. 6; Belov, a.a.O., S. 40; Mel'nikov, S. 29 f.; ders., SGiP 1981, Nr. 11, S. 55 f.

134) Mel'nikov, S. 30.

einem allgemein anerkannten Know-how-Begriff Probleme - dann auf der Subsumtionsebene - entstehen würden. Besonders bei Verträgen, in denen das Know-how nur einen Teil der zu regelnden Fragen ausmacht, wird es oft nicht als selbständiger Vertragsgegenstand formuliert[135]. Eine nur lückenhafte Regelung des Vertragsgegenstandes, z.B. durch ungenügende Bestimmung des Know-how, kann zu Problemen, etwa bei der Festlegung der Preise für das übergebene Know-how, führen[136].

F. Lizenzen als absolute oder relative Rechte

I. Theoretische Grundfragen

Anders als die Frage der adäquaten rechtlichen Erfassung von Wissen wird die darauf aufbauende Frage nach der näheren juristischen Qualifizierung der Nutzung von Wissen, das rechtlich oder durch faktisches Monopol einem anderen zugeordnet ist, in der sowjetischen Literatur nur oberflächlich behandelt. Man hat den westlichen Regelungen der Nutzung der Immaterialgüterrechte vorgehalten, sie würden "künstlich" die Nutzungsregelungen der körperlichen Gegenstände in das Immaterialgüterrecht übertragen[137]. Entsprechend versuchte man mit dem Urheberscheinsystem

135) Svjadosc, 1986, S. 126 f. Er sieht die Gründe teilweise im Wunsch des Lizenznehmers, keine Lizenzgebühren für das Know-how zu zahlen.

136) Mel'nikov, S. 34.

137) S.o., 1. Abschn. C, II, III.

eine bessere Lösung und hat daneben die Erforschung der dogmatischen Grundfragen des Lizenzvertrags vernachlässigt[138]. Zwar tauchen Begriffe wie negative und positive Theorie[139], Verzichtstheorie[140] und Abspaltung eines Rechts[141] auf. Eine Beschäftigung mit dem Verhältnis von Verpflichtung und Verfügung, mit der Konstruktion der Lizenzrechte und sich daraus ergebender Rechtsfolgen, die mit der im bundesdeutschen Recht vorhandenen[142] vergleichbar wäre, gibt es, soweit ersichtlich, nicht[143].

138) Neben dessen bislang beschränkter praktischer Bedeutung spielte dabei sicherlich die auffällige Neigung sowjetischer Rechtswissenschaftler eine Rolle, zur Lösung von Problemen weitere Rechtsnormen vorzuschlagen, statt aus den vorhandenen Rechtsnormen die Rechtslage zu ermitteln - vgl. z.B. Mel'nikov, S. 34 m.w.N.; Zenin, a.a.O., S. 58.

139) Z.B. bei Belov, in: Boguslavskij, 1980, S. 69.

140) Bei Boguslavskij, 1985, S. 156.

141) Kamenova, S. 40.

142) Z.B. Forkel; Pfaff, BB 1974, S. 565 f.; ders., Gewerblicher Rechtsschutz, S. 477 f. (480 f.); Kraßer, GRUR Int. 1973, S. 230 f.; Herbst.

143) Vgl. aber Gavrilov, S. 196 f. zu Erlaubnis- und Abtretungstheorie bei urheberrechtlichen Lizenzverträgen.

II. Einfache und ausschließliche Lizenz als relatives Recht

Nach allgemeiner Meinung sind einfache Lizenzen relative Rechte[144].

Bis in die sechziger Jahre war aus der sowjetischen Literatur noch die Meinung zu entnehmen, daß es sich bei ausschließlichen Lizenzen um absolute Rechte handele[145].

Soweit ersichtlich, wird in der neueren Literatur die ausschließliche Lizenz als relatives Recht angesehen, was aber selten klar ausgedrückt wird[146].

Ansonsten findet sich meist nur der knappe Hinweis, daß der Inhaber einer ausschließlichen Lizenz das Recht habe, Unterlizenzen zu vergeben, wenn dies im Vertrag vorgesehen sei[147]. Bei Burgučev

144) Z.B. Rajgorodskij, S. 242; Kamenova, S. 18 f.

145) Rajgorodskij, S. 242; Burgučev, in: Genkin, S. 335.

146) Z.B. Kamenova, S. 18 f. Bei Namengenov, S. 103, 139 f. durch Einordnung der Lizenzverträge unter relative Rechtsbeziehungen. Kamenova, S. 41, schreibt allerdings bei der Frage zur Rechtsnatur der Lizenzverträge, daß eine Ähnlichkeit zwischen Lizenzvertrag und Kaufvertrag teilweise darin gesehen werde, daß beim Lizenzvertrag auf den Erwerber ein Recht übergehe, das er jeder Person entgegenhalten könne!

147) Z.B. Boguslavskij, 1963, S. 177 (S. 180 sagt er, daß nur der Nehmer einer "vollen" Lizenz das Recht habe, Unterlizenzen zu vergeben - eine Feststellung, die in den zahlreichen späteren Äußerungen nicht wiederholt wird.); ders., 1985, S. 165; Svjadosc, 1979, S. 6, unklar formuliert, im Gespräch entsprechend

wird die Unterlizenz ohne Differenzierung zwischen ausschließlicher und einfacher Lizenz als Vertrag zwischen Patentinhaber und Unterlizenznehmer unter "Vermittlung" des Lizenznehmers konstruiert[148]. Diese ungewöhnliche Sichtweise wurde aber bei den späteren, seltenen Ausführungen zur Unterlizenz, soweit ersichtlich, nirgends wieder aufgegriffen.

Bei einfachen Lizenzen wird in der sowjetischen Vertragspraxis gewöhnlich festgelegt, daß Unterlizenzen nur mit schriftlicher Genehmigung des Lizenzgebers vergeben werden können[149].

Zur Frage, ob ein ausschließlicher Lizenznehmer in der Sowjetunion gegen Dritte, z.B. durch Klage wegen Verletzung des Patents des Lizenzgebers, vorgehen kann, finden sich, soweit ersichtlich, keine klaren Stellungnahmen, obwohl das Problem erkannt ist[150] und die Lösungen anderer Rechtssysteme dazu dargelegt werden[151].

---

präzisiert. S. auch 3. Abschn., K, I, 3.

148) In: Genkin, S. 337.

149) Boguslavskij, in: Pozdnjakov, 1970, S. 263.

150) Vgl. Boguslavskij, 1962, S. 48.

151) Vgl. Svjadosc, 1980, S. 184. Bei Burgučev, in: Genkin, S. 335, ist nicht ganz klar, ob er mit der Feststellung der Klageberechtigung des ausschließlichen Lizenznehmers unter Zuziehung des Patentinhabers nur das englische Recht meint.

G. Die Rechtsnatur des Lizenzvertrags

Diese Frage ist in der sowjetischen Literatur vergleichsweise ausführlich behandelt - unter starker Berücksichtigung der westlichen Literatur[152]. Alle hier erarbeiteten Lösungen werden durchdiskutiert:

Der Zuordnung des Lizenzvertrags zum Kauf wird entgegengehalten, es werde kein Eigentumsrecht übergeben, sondern nur ein Nutzungsrecht gewährt[153].

Zum Mietvertrag bestehen auch nach sowjetischer Auffassung Parallelen in der Nutzung für eine bestimmte Dauer gegen Bezahlung. Der Gegenstand des Lizenzvertrags sei aber ein nichtmaterielles Gut, das gleichzeitig mehrfach genutzt werden kann und bei Vertragsende nicht zurückgegeben wird - anders als beim Mietvertrag[154].

Ähnliche Einwände werden gegen die analoge Heranziehung des Pachtvertrags[155] und des Nießbrauchs[156] vorgetragen.

Beim Gesellschaftsvertrag wird insofern Ähnlichkeit zugestanden, als die Partner sich gemeinsam gegen Rechtsverletzungen durch Dritte wenden, Austausch von Verbesserungen des genutzten Wissens erfolgen kann und Vertraulichkeitspflichten bestehen können.

---

152) Z.B. Boguslavskij, SGiP 1968, Nr. 5, S. 53 f. (55); ders., 1985, S. 161 f.; Gorodisskij, S. 34 f.; Kamenova, S. 40 f.

153) Boguslavskij, SGiP 1968, Nr. 5, S. 55.

154) Kamenova, S. 41 f.

155) Gorodisskij, S. 34.

156) Kamenova, S. 45, mit dem Hinweis, daß die Existenz des Nießbrauchs (uzufrukt) im sowjetischen Recht umstritten sei.

Es fehle aber an einem gemeinsamen Ziel der Parteien[157].

Wegen seiner Besonderheiten wird der Lizenzvertrag von der herrschenden Meinung in der Sowjetunion als Vertrag sui generis angesehen[158]. Damit hat man vermieden, ihn in eine unpassende Form hineinzuzwängen. Der Preis dafür besteht in der Rechtsunsicherheit bei der Lösung von Problemen[159], weil nun für jede Fallgestaltung die am besten passende rechtliche Regelung zu ermitteln ist. Zu einzelnen Problemen gibt es Vorschläge. Svjadosc will z.B. den Lizenzgeber bei einer "patentunreinen" Lizenz nach Art. 241 GK RSFSR analog haften lassen[160] und Smirnov will bei Beendigung eines Lizenzvertrags die Pflichten des Lizenznehmers (z.B. Rückgabe der technischen Dokumentation) dem Mietrecht entnehmen[161]. Nähere Begründungen werden keine gegeben. Die Vorschläge werden zwar von anderen Autoren zitiert, aber nicht diskutiert[162].

---

157) Kamenova, S. 43 f.

158) Vgl. z.B. Markov, in: Pozdnjakov, 1986, S. 104; Pfaff, AWD 1974, S. 241 f. (253).

159) Kamenova, S. 46.

160) Svjadosc, V.I. 1980, Nr. 6, S. 14 f. (18).

161) Smirnov, P.S., S. 135.

162) Vgl. Boguslavskij, 1985, S. 161 f.

H. Allgemeine Grundlagen für den Inhalt und die Rechtslage von Lizenzverträgen

Die für die Praxis internationaler Lizenzverträge wichtigsten Fragen, die konkrete Rechtsfolgen betreffen, werden in der sowjetischen Literatur wenig behandelt. Rechtsprechung und Schiedssprüche sind allenfalls zu allgemeinen Problemen des Außenhandelsvertrags, die den Lizenzvertrag mit betreffen, vorhanden. Speziell zur Lizenzproblematik ist nichts zu finden[163]. Die vertragliche Praxis ist kaum zugänglich. Es werden aber einzelne Klauseln und übliche Regelungen zu Einzelfragen in der sowjetischen Literatur wiedergegeben und teilweise analysiert.

Im folgenden kann daher die sowjetische Rechtslage nur hinsichtlich einzelner Probleme dargestellt werden, soweit diese in der Literatur behandelt werden. Daneben werden die üblichen vertraglichen Regelungen, soweit zugänglich, wiedergegeben[164].

---

163) Svjadosc, V.I. 1980, Nr. 6, S. 14 f. (15) und mündliche Auskunft von Svjadosc und Vorob-eva.

164) Eine Darstellung der Probleme im Osthandel und der bei der Vertragsgestaltung wichtigen Punkte findet sich bei von Lingelsheim-Seibicke, A, S. IV, 1 f.; bei Lange-Prolius, S. 113 f.; vgl. auch Pfaff, in: Economisch en Sociaal Tijdeschrift 1973, S. 741 f. Eine Zusammenstellung der gesetzlichen Grundlagen des Vertragsrechts der UdSSR findet sich bei Braginski, S. 134 f., 297 f., 455 f. Hinweise zur Vertragsgestaltung im Technologietransferbereich bei von Lingelsheim-Seibicke, A, S. VII, 21 f.

I. Die Vertragsauslegung

Sie ist immer Ausgangspunkt für die Suche nach der Lösung eines Problems. Die Methode der grammatischen, logischen und systematischen Auslegung bei Verträgen entspricht der Methode der Auslegung von Rechtsnormen[165].

Das Schiedsgericht bei der Handels- und Industriekammer der UdSSR[166] stützt sich bei seinen Auslegungen auf die allgemeinen Prinzipien der Erfüllung von Schuldverhältnissen: das Prinzip der "realen Erfüllung" (Art. 36 und 33 der Grundlagen der Zivilgesetzgebung) und das Prinzip der Wirtschaftlichkeit und gegenseitigen Unterstützung bei der Erfüllung (Art. 168 Abs. 2 GK RSFSR). Wichtig ist Art. 33 Abs. 3 Grundlagen der Zivilgesetzgebung und Art. 168 Abs. 1 GK RSFSR, wonach Verbindlichkeiten "in gehöriger Weise", den Gesetzen entsprechend und bei deren Fehlen "entsprechend den gewöhnlich gestellten Anforderungen" zu erfüllen sind[167].

Rozenberg hat die Auslegungspraxis des Schiedsgerichts anhand zahlreicher Schiedssprüche analysiert. Die wichtigsten von ihm herausgearbeiteten Auslegungsgrundsätze seien hier genannt:

- Für die Ergänzung der Vertragsklauseln können Usancen (obyčaj) nur in den Fällen angewendet werden, wenn

165) Sadikov, 1979, S. 12; zur Auslegung von Rechtsnormen im sowjetischen Recht Mück, ROW 1978, S. 14 f.

166) Frühere Bezeichnung: VTAK.

167) Rozenberg, VT 1981, Nr. 2, S. 40 f.; zur realen Erfüllung: Smirnov, P.S., S. 83 f.

anderes nicht im Gesetz oder Vertrag vorgesehen ist[168].

- Bei der Auslegung ist von der Analyse der Vertragsklauseln in ihrer Gesamtheit auszugehen. Die Vertragsklauseln müssen im Zusammenhang mit anderen Klauseln des Vertrags ausgelegt werden und nicht isoliert. Bei mehreren möglichen Bedeutungen der Klauseln oder verwendeten Begriffe und Fachausdrücke ist bei der Auslegung von dem Sinn auszugehen, der dem Vertragsinhalt im Ganzen am besten entspricht[169].
- Im Vertrag enthaltene Begriffe müssen, bei Fehlen anderer Absichten der Parteien, in ihrer gewöhnlich gebrauchten Bedeutung ausgelegt werden[170].
- Bei Bestimmung des Inhalts der im Vertrag verwendeten Begriffe und Fachausdrücke müssen die konkreten Umstände des Falls beachtet werden, die zur Verwendung der Begriffe und Fachausdrücke geführt haben[171].
- Die gewöhnliche Praxis (obyčnaja praktika) wird berücksichtigt, wenn ihr im konkreten Fall keine direkte Absage erteilt wird[172].
- Die Handelspraxis (torgovaja praktika), die sich zwischen den Parteien herausgebildet hat, wird berücksichtigt, wenn im Vertrag keine andere Entscheidung vorgesehen ist[173].
- Bei der Auslegung der Fachausdrücke des Handels müssen die Besonderheiten des konkreten Vertrags

168) Rozenberg, a.a.O., S. 42.

169) Ebenda, S. 45.

170) Ders., VT 1981, Nr. 3, S. 37.

171) Ebenda, S. 38.

172) Ebenda, S. 39.

173) Ebenda, S. 40; vgl. auch Sadikov, 1979, S. 13.

beachtet werden. Ein allgemein anerkanntes Verständnis der Ausdrücke bindet die Parteien nicht, wenn der Vertrag eine andere Entscheidung vorsieht[174].

II. Die Einteilung der Vertragsklauseln

In der sowjetischen Literatur wird zwischen "wesentlichen", "gewöhnlichen" und "zufälligen" Klauseln unterschieden.

"Wesentlich" sind Klauseln, ohne die ein Vertrag nicht wirksam geschlossen werden kann. Nach Art. 160 GK RSFSR werden sie durch Gesetz bestimmt oder durch die Erklärung eines Vertragspartners, daß über diese Punkte eine Einigung erzielt werden muß[175]. Dazu gehören z.B. die Bestimmung des Vertragsgegenstands oder bei entgeltlichen Verträgen der Preis[176].

"Gewöhnliche" Klauseln sind für die jeweilige Vertragsart typisch und müssen nicht unbedingt im Vertrag enthalten sein. Ihrem Inhalt nach finden sie sich in den dispositiven Regelungen, auf die bei Fehlen von vertraglichen Regelungen zurückgegriffen wird[177]. Ein Beispiel ist die Regelung des

174) Rozenberg, a.a.O., S. 41.

175) Dazu Maslov, Puškin, Bd. 1, S. 407.

176) Sadikov, 1979, S. 11.

177) Ebenda, S. 11, mit Beispiel aus den ALB/RGW.

Erfüllungsortes nach Art. 174 GK RSFSR[178].

"Zufällige" Klauseln sind solche, die die Parteien in Ergänzung zu den gewöhnlichen Klauseln vereinbart haben und die die Besonderheiten der jeweiligen Vertragsbeziehung widerspiegeln.

Es gibt noch weitere Unterscheidungen, z.B. in wirtschaftliche, technische, kommerzielle und sonstige Klauseln[179]. Sie haben aber nur eine ordnende Funktion und keine rechtliche Bedeutung.

J. Allgemeine Rechtsfragen des Vertragsrechts

I. Rechtsfragen beim Abschluß des Vertrags

1. Verhandlungen und Vorvertrag

Im Verhandlungsstadium werden Informationen und Erklärungen in mündlicher und schriftlicher Form übergeben. Der potentielle Lizenznehmer benötigt Material, um den Nutzen und den Wert des technischen Wissens, über das verhandelt wird, einschätzen zu können. Der potentielle Lizenzgeber möchte sich besonders beim ungeschützten Know-how möglichst wenig in die Karten schauen lassen und sich, soweit es doch nötig ist, juristisch gegen einen Mißbrauch der Informationen durch den Verhandlungspartner absichern. Oft ergibt sich die Situation, daß bereits Einigkeit über bestimmte Punkte oder die Grundstruktur

---

178) Maslov, Puškin, Bd. 1, S. 408.

179) Svjadosc, 1979, S. 10 f.

des Vertrags besteht und die Vertragspartner das festhalten wollen, um auf dieser Grundlage die letzten ausstehenden Fragen zu klären. In Entsprechung zu diesem Feld von unverbindlicher Äußerung bis hin zum verbindlichen Endvertrag haben sich in der Praxis verschiedene Erklärungsformen herausgebildet:

- die Feststellung der Zwischenergebnisse der Verhandlungen,
- die Absichtserklärung (izloženie namerenij), die Absichtsvereinbarung (soglašenie o namerenijach), der "letter of intent",
- der Vorvertrag (predvaritel'nyj dogovor),
- der Rahmenvertrag (ramkovyj dogovor) und die Vereinbarungen darüber, daß über bestimmte Punkte noch eine Einigung zu erzielen sei[180].

Es gibt keine gesetzliche Regelung dieser Erklärungen, sie werden aber allgemein nach Art. 4 GK RSFSR als zulässig angesehen[181]. Die Bezeichnung einer Erklärung durch die Parteien ist für die Verbindlichkeit unerheblich, es kommt nur auf den zum Ausdruck gebrachten Willen der Parteien an[182].

Von besonderer praktischer Bedeutung ist der Vorvertrag. Bei Know-how-Verträgen ist er der Regelfall und soll den künftigen Lizenznehmer schon vor Abschluß des endgültigen Vertrags zur Geheimhaltung des erlangten technischen Wissens verpflichten. Als

---

180) Vgl. Smirnov, P.S., S. 79 f.; Sadikov, in: Pozdnjakov, 1985, S. 116 f.

181) Z.B. Sadikov, 1979, S. 6 f.

182) Smirnov, P.S., S. 80, vgl. auch Sadikov, in: Pozdnjakov, 1985, S. 116 f.

weitere Möglichkeit, die Interessen des Lizenzgebers zu sichern, werden die einseitige schriftliche Verpflichtung zur Geheimhaltung erwähnt und die Hinterlegung einer bestimmten Summe für den Fall der Geheimnisverletzung[183].

Mel'nikov schlägt für den sowjetischen Technologieexport ein Vertragsmuster folgenden Inhalts vor:

- Der Außenhandelsorganisation ist das Recht gegeben worden, im eigenen Namen Verhandlungen über den Know-how-Vertrag zu führen. Sie gibt der ausländischen Firma die für die Frage der Nützlichkeit der Erfindung und des Know-hows notwendige Information.
- Die Firma verpflichtet sich, alle von der Außenhandelsorganisation erhaltenen Informationen streng geheimzuhalten, sie nicht weiterzugeben und nicht aufzudecken ohne vorherige Erlaubnis der Außenhandelsorganisation. Die Firma haftet für die gesetzeswidrige Nutzung, die Weitergabe oder Aufdeckung durch ihre Angestellten.
- Wenn bis zu einer bestimmten Zeit kein Know-how-Vertrag geschlossen ist, gibt die Firma der Außenhandelsorganisation alles erhaltene Material zurück und übergibt alle Niederschriften, Zeichnungen und sonstige Dokumente, die von der Firma im Lauf der Verhandlungen hergestellt worden sind.
- Wird der Know-how-Vertrag bis zu einem bestimmten Zeitpunkt geschlossen, dann wird die gesamte Information, die aufgrund der vorliegenden Vereinbarung übergeben worden ist, als in Erfüllung des Know-how-Vertrags übergeben angesehen[184].

---

183) Mel'nikov, S. 129.

184) Ebenda, S. 129 f.

2. Vertragsschluß

Der Vertrag wird durch Angebot und Annahme geschlossen. Das Angebot kann bis zum Eingang beim Adressaten widerrufen werden. Ein wirksames Angebot liegt vor, wenn es alle wesentlichen Vertragsbedingungen[185] enthält, wenn es an einen bestimmten Empfänger gerichtet worden und ihm auch zugegangen ist[186]. Anderenfalls ist höchstens eine invitatio ad offerendum gegeben[187]. Weitere Einzelfragen sind in Art. 162 f. GK RSFSR geregelt.

3. Genehmigungs- und Formerfordernis, Inkrafttreten

Nach Art. 125 Abs. 2 Grundlagen der Zivilgesetzgebung, Art. 565 Abs. 2 GK RSFSR unterliegt die Form eines Außenhandelsgeschäfts der sowjetischen Gesetzgebung.

In der Verordnung des Ministerrats der UdSSR zur Unterschriftsordnung für Außenhandelsgeschäfte[188] ist festgelegt, daß in der Regel zwei Personen für die Außenhandelsorganisation unterschreiben müssen. Die Namen der dazu berechtigten Personen werden in der Zeitschrift "Vnešnjaja torgovlja" veröffentlicht.

185) Zum Begriff s.o., 3. Abschn., H, II.

186) Sadikov, in: Pozdnjakov, 1985, S. 116.

187) Ausführlich dazu ebenda, S. 116 f.

188) SP SSSR 1978, Nr. 6, st. 35.

Aus dieser Verordnung wird allgemein das Schriftformerfordernis abgeleitet[189].

In der Instruktion zur Registrierung von Lizenzverträgen[190] ist festgelegt, daß Lizenzverträge und Abtretungsverträge bezüglich sowjetischer Ausschlußrechte nur dann wirksam werden, wenn sie beim Staatskomitee für Erfindungen und Entdeckungen[191] registriert werden. Boguslavskij weist darauf hin, daß diese Vorschriften sich im erfinderrechtlichen Bereich nur auf Erfindungen bezögen, die in der Sowjetunion patentiert seien[192]. Danach dürften reine Know-how-Verträge nicht der Registrierungspflicht unterliegen[193]. Mit der Registrierung treten die (Patent-)Lizenzverträge in Kraft[194]. Die Registrierungspflicht erstreckt sich auch auf Unterlizenzen[195].

---

189) Pozdnjakov, 1985, S. 69.

190) In Zakonodatel'stva, Bd. 1, S. 291 f.

191) Beachte neueste Umbenennung und Umorganisation, 2. Abschn., D, I, 2. Vgl. zur Registrierung auch § 30 Abs. 5 der Erfinderverordnung, § 30 Abs. 2 der Verordnung über gewerbliche Muster und § 29 Abs. 3 der Warenzeichenverordnung.

192) Boguslavskij, in: Pozdnjakov, 1987, S. 114.

193) Das läßt sich nur aus dem zitierten Hinweis schließen, weil Boguslavskij den Fall des Know-how-Vertrags nicht erwähnt.

194) Punkt 9 der Instruktion.

195) Punkt 2 der Instruktion.

4. Unwirksamkeitsgründe

Nach Art. 48 GK RSFSR ist ein Rechtsgeschäft, das nicht den Anforderungen des Gesetzes entspricht, unwirksam (nedejstvitel'nyj)[196]. Man kann vier Fälle unterscheiden:

1. Rechtsgeschäfte mit Mängeln, die die beteiligten Rechtssubjekte betreffen (Art. 50 f. GK RSFSR). Ein für Lizenzverträge wichtiger Fall ist der Vertragsschluß durch eine juristische Person, der den in ihrem Statut niedergelegten Zielen widerspricht (Art. 50 GK RSFSR)[197].
2. Rechtsgeschäfte mit Willensmängeln. Praktisch am wichtigsten ist der Irrtumsfall (Art. 57 GK RSFSR). Die Unwirksamkeit tritt hier aber nicht automatisch ein, sondern der Irrende muß die Unwirksamkeitserklärung durch Gericht oder Schiedsgericht verlangen[198].
3. Rechtsgeschäfte mit Formmängeln. Nach Art. 45 Abs. 2 GK RSFSR hat die Nichtbeachtung der Form und der Vorschriften über die Unterzeichnung bei Außenhandelsgeschäften deren Unwirksamkeit zur Folge.
4. Rechtsgeschäfte mit inhaltlichen Mängeln. Dazu gehören z.B. Verträge, die unter Art. 49 (Unwirksamkeit eines Rechtsgeschäfts, das mit einer den Interessen von Staat und Gesellschaft widersprechenden Zielsetzung abgeschlossen

196) Pozdnjakov, 1985, S. 70 f.

197) Vgl. auch Gorodisskij, S. 46.

198) Pozdnjakov, a.a.O., S. 71, 74 mit weiteren Fällen.

wurde) und Art. 53 GK RSFSR (Unwirksamkeit von Schein- und Tarnungsgeschäften) fallen[199].

5. Übliche Regelungen zum Inkrafttreten

Durch die Genehmigungsvorschriften in den verschiedenen Ländern kann es bei der Abwicklung der Verträge zu Verzögerungen kommen, die sich dem Einfluß der Parteien entziehen. Deshalb ist es empfehlenswert, im Vertrag ab Unterzeichnung eine Frist zu vereinbaren, innerhalb der die nötigen Genehmigungen vorliegen sollen und bei deren Nichteinhaltung der Vertrag hinfällig wird[200] oder sich zumindest eine Möglichkeit der Lösung vom Vertrag eröffnet.

Für den Fall, daß keine Genehmigungen einzuholen sind, wird aus der sowjetischen Praxis das Beispiel angeführt, daß das Inkrafttreten von dem Eingang einer bestimmten, vom ausländischen Lizenznehmer zu zahlenden Summe abhängig gemacht wurde[201].

---

199) Näher ebenda, S. 73 f.

200) Gorodisskij, S. 64 f.

201) Ebenda, S. 65 f.

II. Erfüllung des Lizenzvertrags[202]

Die Regeln des allgemeinen Schuldrechts sind anwendbar. Zu Einzelfragen des Lizenzvertrags in diesem Problembereich finden sich in der sowjetischen Literatur, soweit ersichtlich, keine Ausführungen. Es werden lediglich die allgemeinen Grundsätze der Vertragserfüllung genannt[203]:

Nach Art. 169 GK RSFSR gilt, daß eine einseitige Lösung vom Vertrag, außer in den vom Gesetz vorgesehenen Fällen, nicht möglich ist. Die Zulässigkeit vertraglicher Kündigungsabreden dürfte dadurch aber nicht in Frage gestellt sein[204].

In Art. 191 und 221 GK RSFSR ist festgelegt, daß der Schuldner den Vertrag "in natura" zu erfüllen hat. Das bedeutet, daß z.B. eine Erfüllung mit Hilfe irgendwelcher Surrogate oder durch finanzielle Entschädigung auf der Primärebene nicht zulässig ist[205].

Nach Art. 168 Abs. 2 GK RSFSR ist eine Pflicht auf wirtschaftlich vorteilhafteste Art und Weise und mit jeder nur möglichen Unterstützung der Partner zu erfüllen. Dazu gibt es im Außenhandel Spezialvorschriften im Bereich der Kauf- und Beförderungsver-

---

202) Die folgende Gliederung bis zur Beendigung des Vertragsverhältnisses entspricht der in der sowjetischen Literatur üblichen, vgl. z.B. Ioffe, S. 59 f.; Rjasencev, 1986, S. 473 f.; Maslov, Puškin, Bd. 1, S. 416 f.

203) Zu diesen Grundsätzen Sadikov, in: Pozdnjakov, 1985, S. 123 f.

204) Dazu s.u., IV, 2.

205) Pozdnjakov, 1985, S. 124.

träge[206]. Als Beispiel für die Verletzung des zuletzt genannten Grundsatzes wird ein Fall genannt, in dem ein Lieferant von zwei Transportarten die teurere gewählt hat, obwohl mit der anderen das gleiche Ergebnis hätte erreicht werden können[207].

Ort, Zeit und Art und Weise sind in Art. 170 f. GK RSFSR näher geregelt[208].

III. Haftung bei Verletzung des Vertrags durch Nichterfüllung und auf sonstige Weise

Auch in diesem Feld läßt die Auseinandersetzung der sowjetischen Literatur mit lizenzvertraglichen Fragen zu wünschen übrig. Die Probleme werden auf der etwas allgemeineren Ebene des Außenhandelsvertrags abgehandelt, sind aber vielfach den beim Lizenzvertrag zu erwartenden sehr ähnlich (z.B. die Frage der Unmöglichkeit und des Schadensersatzes) und geben deshalb - über die Darlegung der Grundstruktur des sowjetischen Haftungsrechts hinaus - wertvolle Hinweise für mögliche Lösungen bei Lizenzverträgen.

---

206) Ebenda.

207) Egorov in: Bratus, Sadikov, S. 212.

208) Näher Sadikov in: Pozdnjakov, 1985, S. 129 f.; Ioffe, S. 59 f.

1. Haftungsvoraussetzungen

a) Rechtswidrigkeit

Es muß eine rechtswidrige Handlung des Schuldners gegeben sein, d.h. sie muß gesetzlich verboten sein. Dazu gehören Vertragsverletzungen wie etwa die Nichterfüllung. Diese ist aber dann nicht rechtswidrig, wenn z.B. ein Verbot der Erfüllung des Vertrags von einem zuständigen staatlichen Organ ausgesprochen worden ist, etwa wenn der Import oder Export einer Ware nicht erlaubt wird[209].

b) Verschulden

Es muß ein Verschulden des Schuldners vorliegen. Von diesem Grundsatz kann das Gesetz oder eine vertragliche Vereinbarung abweichen (Art. 222, Satz 1 GK RSFSR). Das Fehlen der Schuld ist von demjenigen zu beweisen, der den Vertrag verletzt hat (Art. 222 Satz 2 GK RSFSR, Verschuldensvermutung). Es werden zwei Formen des Verschuldens, Vorsatz und Fahrlässigkeit, unterschieden. Bei Vorsatz verletzt der Schuldner bewußt den Vertrag, bei Fahrlässigkeit ist er bemüht, den Vertrag zu erfüllen, ergreift aber nicht alle nötigen Maßnahmen. Dabei gilt ein objektiver Sorgfaltsmaßstab, d.h. der Schuldner kann sich z.B. nicht auf die Schwierigkeit der übernommenen

---

209) Sadikov, a.a.O., S. 156. S. auch unten, III, 3, d.

Pflichten oder das Fehlen notwendiger Spezialisten berufen[210].

Das Verschulden einer juristischen Person äußert sich in der Nichteinhaltung der Dienstpflichten durch die Mitarbeiter. Die Angabe konkreter Personen, deren falsches Verhalten die Vertragsverletzung zur Folge hatte, ist nicht erforderlich. Das Verschulden der juristischen Person kann in einer falschen Organisation der Vertragserfüllung, mangelnder Einweisung der Mitarbeiter und nicht ausreichender Kontrolle bestehen[211].

c) Schaden

Es muß ein Schaden gegeben sein. Nach Art. 219 Abs. 2 GK RSFSR wird unterschieden zwischen dem Schaden, der aus Aufwendungen des Gläubigers, aus Verlust oder Beschädigung von Vermögenswerten besteht (positiver Schaden), und dem Schaden infolge der entgangenen Einkünfte, die der Gläubiger erzielt hätte, wenn die Verbindlichkeit vom Schuldner erfüllt worden wäre (entgangener Gewinn). Beide Arten sind ersatzfähig.

Die Unterscheidung direkter - indirekter Schaden ist für den Außenhandel von großer Bedeutung und findet sich z.B. in § 5, Nr. 6 des RGW-Lizenzvertrags-

---

210) Beispiele von Sadikov, ebenda, S. 157 f.

211) Ebenda, S. 157; Maslov, Puškin, Bd. 1, S. 447.

musters und in § 67 D, Nr. 6 der ALB/RGW. Die so wichtige Abgrenzung beider Schadensarten (z.B. bei haftungsbeschränkenden Klauseln[212]) ist sehr problematisch. Üblicherweise bezeichnet man als direkten Schaden die unmittelbaren Folgen der Pflichtverletzung und als indirekten Schaden die mittelbaren, zufälligen Folgen[213].

Eine weitere Schadensart ist der "moralische Schaden", der Einbußen wie z.B. Autoritätsverlust oder Verlust des geschäftlichen Rufs, umfaßt. Wegen der Schwierigkeit, den Geldwert zu bestimmen, sieht die sowjetische Gesetzgebung hier keinen Schadensersatz vor[214].

In der Außenhandelspraxis hat sich bei der Ermittlung des Schadensumfangs der Begriff "abstrakter Schaden" herausgebildet. Er bezeichnet die Differenz zwischen dem vertraglich vereinbarten Preis und dem Marktpreis, der zu dem Zeitpunkt bestand, als die Pflicht vertragsgemäß hätte erfüllt werden sollen. Ein Käufer hat z.B. bei Nichtlieferung einen Schaden im Sinne der abstrakten Schadensberechnung, wenn der genannte Marktpreis über dem Vertragspreis liegt[215]. Die Spruchpraxis des Schiedsgerichts bei

212) Vgl. z.B. 3. Abschn., L, II.

213) Sadikov, a.a.O., S. 160, mit Beispielen; vgl. auch Vas'kin, SGiP 1976, Nr. 2, S. 46 f. (49, 50) m.w.N.

214) Sadikov, a.a.O., S. 160.

215) Sadikov, a.a.O., S. 159.

der Handels- und Industriekammer der UdSSR sei hier, so Smirnov, nicht einheitlich[216].

Die Beweislast für den Schadensumfang trägt der Gläubiger[217]. Der Gläubiger muß auch beweisen, daß er vernünftige Maßnahmen zur Schadensminderung ergriffen hat. Sonst kann das Gericht oder Schiedsgericht nach Art. 224 Abs. 1, Satz 2 GK RSFSR den Umfang des Schadensersatzes herabsetzen[218].

Besonders schwer ist der Nachweis für den entgangenen Gewinn zu führen. Das Schiedsgericht bei der Handels- und Industriekammer der UdSSR berücksichtigt dabei alle Umstände[219] und ist bei seinen Anforderungen an den Schadensnachweis nach sowjetischer Darstellung teilweise großzügig[220].

---

216) Smirnov, P.S., S. 97 f. mit Beispielen aus der VTAK-Praxis in: AP, Bd. 1, S. 11 f., S. 40 f., S. 79 f., Bd. 3, S. 57 f. und (ablehnend) Bd. 1, S. 73 f., zitiert nach Smirnov.

217) Braginskij, in: Bratus, Sadikov, S. 264 und Flejšic, in: Flejšic, Ioffe, S. 328. Sadikov, in: Pozdnjakov, 1985, S. 160, spricht aber von der Pflicht des Schuldners, z.B. durch Vorlage einer Abnahmebestätigung, den Schadensumfang zu beweisen. Wie das mit den davor zitierten Aussagen vereinbar ist, ist unklar.

218) Sadikov, a.a.O., S. 161.

219) Ebenda.

220) Smirnov, P.S., S. 98 f. und AP, Bd. 7, S. 84, 85, Bd. 8, S. 83, Bd. 4, S. 67, zitiert nach Smirnov.

d) Kausalität

Zwischen der Vertragsverletzung des Schuldners und dem Schaden muß ein ursächlicher Zusammenhang bestehen[221]. Hierfür trägt der Gläubiger die Beweislast[222].

2. Einzelne Tatbestände der Haftung

Im Gesetz sind einige Fälle der Haftung geregelt, die auch für Lizenzverträge Bedeutung erlangen können.

a) Haftung für Dritte

Nach Art. 223, 171 GK RSFSR haftet der Schuldner für Nicht- oder Schlechterfüllung durch Dritte, die er zur Erfüllung seiner Pflichten eingesetzt hat[223]. Es wäre denkbar, über diese Regelung den Lizenznehmer gegenüber dem Lizenzgeber für einen Unterlizenznehmer haften zu lassen[224].

b) Schuldnerverzug und Gläubigerverzug

Nach Art. 225 Abs. 1 GK RSFSR haftet der Schuldner

---

221) Ausführlich Ioffe, S. 113 f.

222) Sadikov, a.a.O., S. 163.

223) Näher ebenda, S. 164 f.

224) Soweit ersichtlich, wird diese Möglichkeit in der sowjetischen Literatur aber nicht diskutiert.

für die nicht rechtzeitige Erfüllung des Vertrags[225]. Er muß Schadensersatz leisten und haftet während des Verzugs für zufällig eintretende Unmöglichkeit, wird aber nicht von der primären Leistungspflicht befreit[226]. Nach Art. 225 Abs. 2 GK RSFSR kann der Gläubiger bei Interessewegfall infolge des Verzugs die Leistung ablehnen und Schadensersatz verlangen[227].

Für den Zahlungsverzug des Schuldners legt Art. 226 Abs. 1 GK RSFSR einen Verzugszinssatz von 3 % fest, der aber durch Gesetz oder Vertrag abgeändert werden kann[228].

Der Gläubigerverzug ist in Art. 227 GK RSFSR geregelt[229].

Nach Art. 138 Abs. 2 GK RSFSR haftet bei verspäteter Übergabe oder Annahme die säumige Partei für den zufälligen Untergang der zu übergebenden Sache.

3. Grundlagen für die Befreiung von der Haftung

Am wichtigsten ist der Fall der durch den Schuldner nicht verschuldeten Unmöglichkeit (Art. 235, 222 GK

---

225) Ebenda, S. 165.

226) Ramzajcev, SIM 1970, Vyp. 26, S. 3 f. (12).

227) Näher Sadikov, a.a.O., S. 166.

228) Ebenda, S. 168.

229) Ebenda, S. 167 f.

RSFSR)[230]. Es werden mehrere Fallgruppen unterschieden:

a) Unmöglichkeit infolge höherer Gewalt

In Art. 85 Abs. 1 GK RSFSR wird höhere Gewalt als ein außergewöhnliches, unter den vorhandenen Umständen nicht abwendbares Ereignis bezeichnet (ähnlich § 68 Nr. 1 ALB/RGW). In der Praxis der Gerichte und Schiedsgerichte werden vor allem Naturerscheinungen wie Erdbeben, Überschwemmungen, starker Schneefall und Frost unter der Voraussetzung als höhere Gewalt anerkannt, daß sie Ausnahmecharakter haben und vom Schuldner nicht durch alle ihm möglichen Maßnahmen abgewendet werden können[231]. Auch Kriege werden allgemein als höhere Gewalt anerkannt[232]. Das Schiedsgericht bei der Handels- und Industriekammer der UdSSR[233] war oft mit Fragen zur höheren Gewalt befaßt. Die Beklagten beriefen sich z.B. auf Schwierigkeiten auf dem Transportmarkt, auf Umbauarbeiten der Fabrik, auf das Fehlen von speziellen Geräten zur Fehlerermittlung, auf eine Wetterlage, die Flüge verhinderte usw. Solche Umstände erkannte das Moskauer Schiedsgericht nicht als höhere Gewalt

230) Ausführlich Ioffe, S. 187 f.; Sadikov, a.a.O., S. 169 f.

231) Ebenda, S. 170. Vgl. auch von Lingelsheim-Seibicke, A, S. IV, 18 f.

232) Gorodisskij, S. 70.

233) Die frühere VTAK.

an[234]. Sie müsse so schwere Folgen haben, daß eine Pflichterfüllung unmöglich werde. Nur eine Erschwerung der Pflichterfüllung befreie den Lieferanten nicht von der Verpflichtung[235].

Wegen der Abgrenzungsprobleme befindet sich in der Regel in sowjetischen Außenhandelsverträgen eine Klausel, die die näheren Umstände und Voraussetzungen zu einer Haftungsbefreiung möglichst konkret, mit Angabe von Beispielen, festlegt. Wegen seines dispositiven Charakters steht Art. 235 GK RSFSR dem nicht entgegen[236]. Gorodisskij weist auf übliche detaillierte Regelungen für den Fall des Eintritts der in der Klausel genannten Umstände hin. Es sei nützlich, für diese Situation eine Aussetzung des Vertrags zu vereinbaren und dabei allen Parteien das Recht einzuräumen, ab einer bestimmten Dauer dieses Zustands den Vertrag zu kündigen. In der Praxis üblich ist auch die Vereinbarung, daß der Gläubiger unverzüglich über den Eintritt der zur Haftungsbefreiung führenden Umstände zu unterrichten sei, daß für die Umstände ein Nachweis vorzulegen sei, etwa in Form einer Bestätigung durch die Handelskammer des Landes des Schuldners, und daß eine Berufung auf den Eintritt der genannten

234) Vgl. AP, Bd. 2, S. 88, Bd. 3, S. 144, 156, Bd. 5, S. 67, zitiert nach Sadikov, a.a.O., S. 170.

235) AP, Bd. 4, S. 163, zitiert nach Sadikov, ebenda.

236) Gorodisskij, S. 69 f. Als kritische Punkte bei solchen Beispielen zeigen sich gewöhnlich die Aussperrung und der Streik, auf deren Festlegung als höhere Gewalt sich die östlichen Vertragspartner nur sehr ungern einlassen, vgl. v. Lingelsheim-Seibicke, A, S. IV, 19.

Umstände nur unter Einhaltung dieser Bedingungen zulässig sei[237].

b) Unmöglichkeit und die Änderung der wirtschaftlichen Rahmenbedingungen

Eine gesetzliche Regelung des Einflusses veränderter Wirtschaftsbedingungen, wie z.B. Preisanstieg, auf Verträge gibt es nur für Einzelfälle (z.B. Art. 286, 360 GK RSFSR).

Das Moskauer Schiedsgericht erkennt solche Umstände nicht als Grundlage für eine Haftungsbefreiung an[238].

Es besteht aber die Möglichkeit, im Vertrag eine andere Regelung vorzusehen. Üblich ist die Vereinbarung, bei Eintritt bestimmter Umstände Verhandlungen zur Anpassung des Vertrags aufzunehmen. Für den Fall, daß keine Einigung erzielt wird, kann bestimmt werden, daß sich die Parteien an ein Gericht oder Schiedsgericht wenden, dessen Entscheidung sie bindet. Für bestimmte Fälle kann auch eine Kündigungsmöglichkeit oder eine automatische Beendigung des Vertrags vorgesehen werden[239].

---

237) Ebenda, S. 70 f.; zu Vertragsklauseln über höhere Gewalt im Ost-Geschäft auch Krumm, S. 110 f.

238) Vgl. Iz praktiki VTAK pri TPP SSSR, VT 1983, Nr. 6, S. 52; Sadikov, a.a.O., S. 173.

239) Smirnov, P.S., S. 103 f. m.w.N.; Sadikov, a.a.O., S. 174; s. auch 3. Abschn., L, I, 2.

c) Zufällige Unmöglichkeit

Darunter ist der Eintritt von tatsächlichen Umständen zu verstehen, die eine Leistung vereiteln, aber nicht höhere Gewalt darstellen. Beispiele sind das Eingreifen dritter Personen, etwa durch Verursachung eines Verkehrsunfalls, und Erkrankung des Schuldners[240]. Auch hier entfällt die Haftung des Schuldners.

d) Rechtliche Unmöglichkeit, sonstige Fälle

Regierungsorgane können z.B. Exportgenehmigungen verweigern oder bereits erteilte wieder aufheben. Dann liegt rechtliche Unmöglichkeit vor und der Schuldner wird von der Haftung befreit[241]. Wegen der engen Beziehungen zwischen Staat und Wirtschaftsunternehmen in sozialistischen Ländern werden diese Tatbestände von westlichen Beobachtern mit Mißtrauen zur Kenntnis genommen und haben auch schon zu Problemen geführt[242].

Solange der Gläubiger im Verzug ist, kann den Schuldner keine Haftung aus eigenem Verzug treffen

---

240) Ebenda, S. 171 f.

241) Ebenda, S. 171, 169; dazu aus der Sicht der DDR: Enderlein, RIW 1988, S. 333 f. (334 f.).

242) Näher, mit Problembeispielen: Fink, S. 154 f. Vgl. auch v. Lingelsheim-Seibicke, A, S. IV, 19.

(Art. 225 Abs. 3, Art. 227 GK RSFSR)[243].

Ein weiterer wichtiger Fall ist die vom Gläubiger zu vertretende Unmöglichkeit, wenn also die Nichterfüllung der Verpflichtung durch vorsätzliches oder fahrlässiges Verhalten des Gläubigers verursacht wurde[244].

4. Rechtsfolgen, Möglichkeit der Haftungsbeschränkung

Bei Eintritt einer Unmöglichkeit, die der Schuldner nicht zu vertreten hat, erlischt das Schuldverhältnis (Art. 235 GK RSFSR). Die Rückabwicklung erfolgt über Art. 473 GK RSFSR[245].

Ist ein Haftungsfall gegeben, dann hat der Schuldner nach Art. 219 Abs. 1 GK RSFSR Schadensersatz zu leisten. Es gilt das auch vom Moskauer Schiedsgericht anerkannte Prinzip des vollständigen Schadensersatzes[246]. Im Vertrag kann aber auch eine Vertragsstrafe vorgesehen werden (Art. 187 f. GK RSFSR). Sie kann als fester Betrag vereinbart werden oder als Prozentsatz vom Preis der nichterfüllten Pflicht. Der Prozentsatz liegt in der Regel zwischen 5-8 %, bei besonderer Bedeutung der Pflicht kann er höher

---

243) Sadikov, a.a.O., S. 172 f., mit Beispielen aus der VTAK-Praxis.

244) Dazu Maslov, Puškin, Bd. 1, S. 455.

245) Sadikov, in: Bratus, Sadikov, S. 277.

246) Z.B. Ioffe, S. 102; zur Haltung der VTAK: Ramzajcev, SIM 1956, Vyp. 6, S. 32 f. (39).

sein. Als Beispiel wird ein Satz von 10-12 % genannt bei der Lieferung von Ergänzungsteilen[247]. Die Vertragsstrafe kann einmalig zu zahlen sein oder für jeden Tag der Pflichtverletzung, wobei dann üblicherweise ein Höchstwert vereinbart wird[248].

Sie ist von den Verzugszinsen nach Art. 226 GK RSFSR abzugrenzen, weil für diese Zinsen nicht die Art. 79 (kurze Verjährung) und 190 (Herabsetzungsmöglichkeit durch das Gericht) GK RSFSR gelten[249].

Das Verhältnis zwischen Schadensersatz und Vertragsstrafe ist in Art. 219 Abs. 3, 189 Abs. 1 GK RSFSR so geregelt, daß bei Vereinbarung einer Vertragsstrafe als Schadensersatz nur der Teil des Schadens gefordert werden kann, der die Vertragsstrafe übersteigt. Nach Art. 189 Abs. 2 GK RSFSR kann aber auch vereinbart werden, daß außer der Vertragsstrafe kein Schadensersatz zu leisten ist, daß der volle Schadensersatz neben der Vertragsstrafe verlangt werden kann und daß der Gläubiger wählen kann, ob er den Schadensersatz oder die Vertragsstrafe geltend macht[250].

In Außenhandelsgeschäften üblich sind haftungsbeschränkende Klauseln[251]. Sie sind eine Ausnahme vom

---

247) Sadikov, in: Pozdnjakov, 1985, S. 140.

248) Ebenda, S. 138, 139.

249) Ausführlicher ebenda, S. 139, 140.

250) Ebenda, S. 140 f.

251) Smirnov, P.S., S. 96 f.

Prinzip des vollständigen Schadensersatzes[252]. In Art. 220 GK RSFSR sind die Voraussetzungen für eine zulässige Haftungsbeschränkung geregelt. Ob eine entsprechende vertragliche Abrede damit vereinbar ist, wird in der Literatur nicht klar zum Ausdruck gebracht[253]. Solange sich die Abrede unter die Bestimmungen zur Vertragsstrafe subsumieren läßt, dürften jedoch keine Probleme entstehen[254].

IV. Beendigung des Vertragsverhältnisses

1. Rechtliche Grundlagen

In Kapitel 20 des GK RSFSR (Art. 228 f.) ist ein Großteil der möglichen Fälle geregelt. Die Beendigung durch Erfüllung und infolge Unmöglichkeit wurde bereits erwähnt.

Eine Beendigung ist ferner durch einen Vertrag der Parteien im Sinne von Art. 233 Abs. 1 GK RSFSR möglich. Das geschieht meist, wenn die Parteien ein

252) Ioffe, S. 102; Kofman, in: Krasavčikov, 1968, S. 500.

253) Smirnov, P.S., S. 97, bezweifelt es und entkräftet eine von ihm zitierte, die Zulässigkeit bejahende VTAK-Entscheidung (AP, Bd. 1, S. 16 f.) damit, daß sie vor Erlaß von Art. 220 ergangen sei. Keine klare Äußerung bei Ioffe, S. 102, Krasavčikov, 1985, S. 511 f., Tarchov, S. 164 f., Kofman, a.a.O., S. 500. Vorob-eva, in: Boguslavskij, 1985, z.B. S. 215, Gorodisskij, 1972, und Svjadosc, 1980, S. 270, stellen die Zulässigkeit nicht in Frage.

254) Vgl. Kofman, a.a.O., S. 500.

altes Vertragsverhältnis ohne Streit abschließen wollen, um damit die Grundlage für eine weitere Zusammenarbeit zu legen[255].

Weitere wichtige Grundlagen für eine Vertragsbeendigung sind die Aufrechnung (Art. 229 f. GK RSFSR), die Liquidation einer juristischen Person (Art. 236 Abs. 3 GK RSFSR) und die Planänderung (Art. 234 GK RSFSR)[256]. Die letzte Möglichkeit bezieht sich nur auf Verträge zwischen sowjetischen Organisationen und hat für Verträge mit ausländischen Vertragspartnern keine unmittelbare Bedeutung[257].

2. Übliche Regelungen

Die Beendigung kann aber auch mit ihren Tatbestandsvoraussetzungen in einer Vertragsklausel im zu beendigenden Vertrag selbst geregelt werden. Die Zulässigkeit solcher Regelungen nach dem sowjetischen Recht wird von der herrschenden Meinung nicht in Frage gestellt[258].

Es gibt Stimmen, die sich dafür aussprechen, daß entsprechende Klauseln eine Kündigungsmöglichkeit

---

255) Sadikov, in: Pozdnjakov, 1985, S. 179.

256) Näher Ioffe, S. 191 f.

257) Čuprunova, in: Pozdnjakov, 1987, S. 65. Vgl. aber oben III, 3, d.

258) Boguslavskij, 1985, S. 175; Gorodisskij, S. 66 f.; Sadikov, in: Pozdnjakov, 1985, S. 175, 182; Svjadosc, 1980, S. 270; vgl. aber Smirnov, P.S., S. 89 f.

bei jeder Vertragsverletzung vorsehen sollten[259]. In der Praxis üblich sind jedoch nur Klauseln, die bei wesentlichen Vertragsverletzungen eine Kündigungsmöglichkeit vorsehen[260]. Dabei ist es empfehlenswert, die genauen Voraussetzungen für den Eintritt einer Kündigungsmöglichkeit festzulegen. Üblich ist die Vereinbarung, daß der Vertragspartner zunächst schriftlich über die Vertragsverletzung informiert wird und das Kündigungsrecht dann gegeben ist, wenn die Verletzung nicht innerhalb einer bestimmten Frist, z.B. drei Monate, beseitigt wird[261]. Ein wichtiger Fall in der Praxis ist die vertragswidrige Weitergabe geheimer Unterlagen. Als weitere Fälle werden Klauseln erwähnt, die bei Nichtzahlung der Lizenzgebühr und bei Nichteinhaltung des territorialen Anwendungsbereichs des Lizenzvertrags ein Kündigungsrecht geben[262].

Für die Regelung der Situation bei Ablauf der Vertragszeit sind verschiedene Klauseln üblich. Gewöhnlich sehen die Verträge eine automatische Verlängerung für einen bestimmten Zeitraum vor. Jeweils sechs Monate vor Ablauf können sie aber gekündigt werden[263]. Für den Fall des Ablaufs des Vertrags bemüht sich Licenzintorg als Lizenzgeber um die Vereinbarung, daß die Warenproduktion einge-

---

259) Ivanov, Sergeev, S. 157 mit Musterklauseln zum Lizenzvertrag.

260) Boguslavskij, SGiP 1968, Nr. 5, S. 53 f. (59).

261) Gorodisskij, S. 66 f.; Boguslavskij, a.a.O., S. 59; Markov, in: Pozdnjakov, 1986, S. 107.

262) Gorodisskij, S. 66 f., Sadikov, a.a.O., S. 175.

263) Markov, in: Pozdnjakov, 1986, S. 107.

stellt wird, keine neuen Bestellungen mehr angenommen werden und innerhalb einer bestimmten Frist alle technischen Unterlagen zurückzugeben sind[264]. Gewöhnlich wird die Zahlung von Lizenzgebühren für danach noch fertiggestellte Lizenzprodukte vereinbart. Nur in Einzelfällen, insbesondere bei Know-how-Verträgen und bei gleichzeitigem Ablauf von Vertrag und Patent, wird festgelegt, daß eine Weiternutzung noch nach Vertragsablauf erfolgen darf[265].

Als Lizenznehmer bemüht sich die sowjetische Seite darum, auch nach Vertragsablauf die Erfindung oder das Know-how weiter nutzen zu dürfen und die technische Dokumentation behalten zu dürfen[266] und erreicht dies auch in der Regel[267].

Als wichtiges Problem, das in diesem Zusammenhang auch noch zu regeln ist, wird die Frage des unbeschränkten Exports nach Vertragsablauf genannt[268].

Abschließend seien noch zwei Klauseln aus der sowjetischen Vertragspraxis genannt, die weitere Modalitäten bei der Regelung des Vertragsablaufs zeigen: Im einen Fall wurde vereinbart, daß der Lizenznehmer an den Lizenzgeber Bestellungen weiterleite, mit deren Erfüllung bei Vertragsende noch

---

264) Gorodisskij, S. 74.

265) Markov, ebenda, S. 108.

266) Gorodisskij, S. 75.

267) Markov, ebenda, S. 108. Den Wert von Rückgabeklauseln, besonders bei Know-how-Verträgen, bezweifelt Vida, S. 79.

268) Boguslavskij, 1985, S. 180.

nicht begonnen worden war. Im anderen Fall wurde vorgesehen, daß der Lizenzgeber ab zwei Jahre vor Ende des Vertrags den Lizenznehmer nicht mehr über Verbesserungen zum Lizenzgegenstand informiere[269].

K. Pflichten des Lizenzgebers

I. Verschaffung der rechtlichen und tatsächlichen Nutzungsposition

1. Territoriale und zeitliche Beschränkungen

Mit Abschluß und Inkrafttreten des Lizenzvertrags verschafft der Lizenzgeber seinem Vertragspartner das Nutzungsrecht. Dessen Ausgestaltung muß im Vertrag genau festgelegt sein. Die von sowjetischen Organisationen verwendeten typischen Lizenzvertragsklauseln entsprechen den international üblichen[270].

Hinsichtlich territorialer Beschränkungen ist die ausschließliche Lizenz und die Kombination von ausschließlicher und einfacher Lizenz in der sowjetischen Praxis der Regelfall[271]. Die sogenannte

269) Gorodisskij, S. 74.

270) Boguslavskij, 1985, S. 167. Kurzer Überblick über Klauseln: Vida, S. 72 f., Hiance, Plasseraud, S. 120 f. Vgl. auch das Lizenzvertragsmuster der RGW-Länder, das zu vielen Fragen Regelungsvorschläge enthält, in: Uschakow, S. 783 f.

271) Gorodisskij, S. 59, 60. Boguslavskij, S. 179 und Vorob-eva, S. 208, jeweils in: Boguslavskij, 1985.

"volle" Lizenz hat keine praktische Bedeutung[272]. Beim Lizenzverkauf ist die Sowjetunion bemüht, ausschließliche Lizenzen nur für möglichst kleine Gebiete zu vergeben[273]. Bei der ausschließlichen Lizenz wird von einer Nutzungspflicht des Lizenznehmers ausgegangen. Eine Möglichkeit, die Interessen des Lizenzgebers zu wahren, besteht in der Vereinbarung, daß der Lizenzgeber das Recht habe, selbst im Gebiet der ausschließlichen Lizenz tätig zu werden, wenn der Lizenznehmer nach einer bestimmten Frist nicht tätig geworden sei[274].

Spezielle Probleme können sich aus der besonderen Ausgestaltung des sowjetischen Außenhandels in Bezug auf eine ausschließliche Lizenz ergeben. Beispielsweise kann die Situation entstehen, daß Licenzintorg für ein Land eine ausschließliche Lizenz vergeben will und eine andere Außenhandelsorganisation gleichzeitig an einen anderen Vertragspartner Maschinen in dieses Land liefern will, die vom sowjetischen Patentinhaberunternehmen nach dem Patent hergestellt worden sind. Für diesen Fall ist eine Koordination zwischen den beiden sowjetischen Außenhandelsorganisationen notwendig[275].

Für zwei weitere Fallgestaltungen versucht Licenzintorg Probleme dadurch auszuschließen, daß im Vertrag die Ausschließlichkeit einer Lizenz einge-

---

272) Boguslavskij, in: Pozdnjakov, 1987, S. 115.

273) Markov, in: Pozdnjakov, 1986, S. 105.

274) Beispiel bei Gorodisskij, S. 55.

275) Gorodisskij, S. 57.

schränkt festgelegt wird:

Als erste Fallgestaltung nennt Gorodisskij die Vergabe von Nutzungsrechten an einen ausländischen Partner durch Regierungsabkommen für ein Territorium, für das Licenzintorg bereits an einen anderen Partner eine ausschließliche Lizenz vergeben hat.

Als zweite Fallgestaltung nennt er die Lieferung einer Industrieanlage, die ein Lizenzprodukt zum Bestandteil hat, in ein Territorium, für das vorher von Licenzintorg eine das Lizenzprodukt betreffende, ausschließliche Lizenz vergeben worden ist.

Beides soll nicht als Vertragsverletzung angesehen werden können und Licenzintorg versucht bei Vertragsverhandlungen, dieses Verständnis zugrunde zu legen[276].

Zeitlich sind die Lizenzen meistens auf fünf bis zehn Jahre angelegt. Die Geltungsdauer eines Patents wird in der Regel nicht überstiegen[277].

2. Inhaltliche Ausgestaltung

Bei der inhaltlichen Ausgestaltung gibt es zahlreiche Möglichkeiten. Bei der Unterscheidung von Herstellungs- und Verkaufslizenz wird in der sowjetischen Literatur auf die Bedeutung der Exportmöglichkeit hingewiesen. Es wird sowjetischen Lizenznehmern geraten, Klauseln zu vermeiden, die Exportverbote aus der Sowjetunion vorsehen oder nur Exporte

276) Gorodisskij, S. 55 f. mit Wiedergabe einer entsprechenden Klausel.

277) Boguslavskij, in: Pozdnjakov, 1987, S. 116; Gorodisskij, S. 61 f.

in RGW-Staaten erlauben. Weiter müsse festgelegt werden, ob eine Exportlizenz einfach oder ausschließlich sei[278].

Weil Licenzintorg beim Kauf einer Lizenz nicht der "faktische" Lizenznehmer ist, muß festgelegt werden, welche sowjetischen Unternehmen die Lizenz nutzen dürfen. Licenzintorg ist bestrebt, dieses Nutzungsrecht für alle sowjetischen Unternehmen zu erhalten[279].

Folgende Ausgestaltungsmöglichkeiten legt Gorodisskij dar, ohne allerdings deren Stellenwert in der sowjetischen Vertragspraxis genauer zu umschreiben: die Beschränkung der Nutzung der Lizenz auf bestimmte Anwendungsbereiche (z.B. Herstellung von Dieselmotoren nur für Traktoren), auf bestimmte Formen (z.B. Kunststoffproduktion nur in Faserform) und die Festlegung von Stückzahlgrenzen[280].

Gewarnt werden sowjetische Lizenznehmer vor Klauseln, die die Abnahmepflicht von Rohstoffen oder Maschinenteilen vorsehen. Es sei nicht auszuschließen, daß kapitalistische Firmen versuchten, diese gegenüber Entwicklungsländern geübte Praxis auch in Beziehungen zu sozialistischen Organisationen anzuwenden. Dies könne die Entwicklungsmöglichkeiten der heimischen Produktion einschränken und gewähre dem Lizenzgeber eine unerwünschte Kontrolle über

278) Boguslavskij, 1985, S. 179 f.

279) Vida, 1978, S. 73; Klauselbeispiel bei Boguslavskij, 1985, S. 178 f.

280) Gorodisskij, S. 76 f.

die Produktion und die wissenschaftlich-technische Arbeit oder die Absatztätigkeit des Lizenznehmers. Es wird allerdings auch zugestanden, daß in Einzelfällen solche Klauseln notwendig seien, insbesondere wenn es um die Sicherung einer bestimmten Qualität gehe, vor allem wenn die Verwendung des Warenzeichens des Lizenzgebers vorgesehen sei[281]. Deshalb werden dann in der Regel auch Klauseln in die Lizenzverträge aufgenommen, die die Pflicht des Lizenznehmers zur Einhaltung der Anweisungen des Lizenzgebers und zu qualitätsgerechter Produktion vorsehen[282]. Auch Kontrollrechte des Lizenzgebers werden akzeptiert[283].

Zwischen sozialistischen Partnern werde nie eine Abhängigkeit zwischen Lizenzvergabe und Abnahme von Material und Teilen des Lizenzgebers hergestellt. Entsprechende Lieferungen erfolgten nur auf Bitte des Lizenznehmers[284]. Nach Erklärungen auf der Praxisebene für diesen Unterschied im Verhältnis zum Lizenzverkehr mit kapitalistischen Partnern wird in diesem Zusammenhang in der sowjetischen Literatur nicht gesucht. Man könnte dabei etwa an produktionstechnische Zwänge denken (wenn die Herstellung bestimmter Maschinenteile in der Sowjetunion

281) Boguslavskij, 1985, S. 180 f., vgl. auch Gorodisskij, S. 77 f.

282) Gorodisskij, S. 83 f.; Mel'nikov, S. 139.

283) Als Beispiel können die Abfüllverträge der Getränkeindustrie genannt werden, vgl. Vida, 1987, S. 133 f. Weiteres Beispiel bei Boguslavskij, 1985, S. 181 f.

284) Vorob-eva, in: Boguslavskij, 1985, S. 208. Nach Cepeleveckij, S. 14 f., vergibt die Sowjetunion allgemein Lizenzen ohne derartige Beschränkungen.

nicht möglich ist und eine Lieferung durch den Lizenzgeber deshalb notwendig) oder auch daran, daß Franchiseverträge unter sozialistischen Partnern fast unbekannt sind[285].

3. Unterlizenzen[286]

Auch die Vergabemöglichkeit von Unterlizenzen sollte im Vertrag geregelt werden. Bei ausschließlichen Know-how-Lizenzverträgen werde in der Regel keine Berechtigung zur Unterlizenzvergabe vereinbart, wegen der Gefahr der Weiterverbreitung der Produktionsgeheimnisse. Falls doch eine solche Klausel aufgenommen werde, könne vereinbart werden, daß der Lizenzgeber bei Abschluß der Unterlizenz einen Anspruch auf einmalige Zahlung einer beträchtlichen Summe erhalte[287].

Bei den anderen Lizenzverträgen sei die Berechtigung zur Unterlizenzvergabe immer empfehlenswert. Der Unterlizenzvertrag müsse aber, so Gorodisskij, in jedem Fall vom Lizenzgeber vorher gebilligt werden. Markov führt diesbezüglich aus, daß bei einfachen Lizenzverträgen in der sowjetischen Praxis eine schriftliche vorherige Zustimmung zur Unterlizen-

---

285) Vgl. dazu Vida, 1987, S. 142 f.

286) S. auch 3. Abschn., F, II.

287) Gorodisskij, S. 111. Die Summe soll zur Sicherung der materiellen Entschädigung für den Verbreitungsfall vorgesehen sein, wobei unklar ist, ob das Geld bei Nichtverbreitung zurückzuzahlen ist, wie man es aus dem Zweck ableiten könnte.

zierung üblich und bei ausschließlichen Lizenzverträgen eine Unterlizenzierung nach den vertraglich gewährten Rechten möglich sei[288]. Aus der sowjetischen Vertragspraxis wird eine Klausel zitiert, nach der der Lizenzgeber einverstanden sei, "im Prinzip" dem Lizenznehmer die schriftliche Zustimmung zur Vergabe von Unterlizenzen zu erteilen, wenn der Lizenznehmer die Zustimmung zur Führung von Verhandlungen und zur Unterschrift des Vertrags in schriftlicher Form erbeten habe. Weiter sei vereinbart worden, daß der Lizenznehmer ein Exemplar des Unterlizenzvertrags an den Lizenzgeber zu übermitteln habe[289]. Der Lizenznehmer hafte gegenüber dem Lizenzgeber für die Einhaltung des Unterlizenzvertrags und der Unterlizenznehmer könne vom Lizenznehmer Maßnahmen gegen Dritte bei Verletzung der Rechte aus dem Unterlizenzvertrag verlangen[290].

4. Technische Dokumentation und Hilfe

Um den Lizenznehmer in die tatsächliche Nutzungsposition zu versetzen, ist zunächst die Übergabe der technischen Dokumentation nötig. § 3 des Lizenzvertragsmusters der RGW-Länder schlägt für den Ablauf der Übergabe eine detaillierte Regelung vor: Ort und Zeit, Übergabeprotokoll, die Möglichkeit, die Unterlagen per Post zu schicken, eine Frist, in der

288) Markov, in: Pozdnjakov, 1986, S. 105.

289) Gorodisskij, S. 111, wobei er nicht die Bedeutung von "im Prinzip" erläutert.

290) Ebenda, S. 111.

die Unvollständigkeit der Unterlagen festgestellt werden kann, eine Frist zur Vervollständigung. Für die Ausarbeitung der technischen Dokumentation wird in den Verträgen ein Zeitraum von vier bis sechs Monaten, manchmal bis zu einem Jahr vorgesehen[291]. Wie detailliert hier die Regelungen sein müssen, hängt vom Umfang der technischen Dokumentation ab. Wenn nur einige Kopien zu übergeben sind, ist eine unentgeltliche Übergabe wahrscheinlich, muß jedoch vereinbart werden. Ansonsten sind genaue vertragliche Regelungen erforderlich über Umfang, Verpackung, Versendungsart, Adresse, Zahlung und Sprachen der technischen Dokumentation. Bei der Sprache wird für sowjetische Lizenzgeber die Vereinbarung empfohlen, daß bei möglichen verschiedenen Auslegungen der russische Text verbindlich sein soll. Oft sind auch fertige Produkte zu übergeben, etwa als Muster. Auch für diesen Fall ist die Kostentragung zu regeln[292].

Bei der technischen Dokumentation besteht die Möglichkeit[293], daß Teile davon, z.B. Pläne, auch nach sowjetischem Recht, die Anforderungen an ein urheberrechtliches Werk im Sinne von Art. 475 GK RSFSR erfüllen[294]. Dieser Aspekt wird aber in der sowjetischen Fachliteratur, soweit ersichtlich, nicht

291) Vorob-eva, S. 109.

292) Gorodisskij, S. 79 f.

293) Zum deutschen Recht vgl. Benkard, § 1, Rdnr. 100; Fromm, Nordemann, § 2, Rdnr. 85.

294) Vgl. z.B. Gavrilov,, S. 78 f.

behandelt und auch bei Regelungen in der Praxis nicht berücksichtigt[295].

Eine wichtige Ergänzung zur technischen Dokumentation ist die technische Hilfe. Oft reichen die schriftlichen Unterlagen nicht aus, um dem Lizenznehmer die Nutzung der Lizenz zu ermöglichen. Die technische Hilfe kann durch Entsendung von Fachleuten des Lizenzgebers zum Lizenznehmer oder umgekehrt vonstatten gehen. Die Verträge gehen gewöhnlich davon aus, daß in beiden Fällen der Lizenznehmer alle Kosten trägt[296]. Auch hier können die zu regelnden Einzelheiten sehr zahlreich sein, so daß sich ein getrennter Vertrag zu dieser Frage empfehlen kann. Als Beispiele der zu regelnden Punkte werden genannt: Art und Zahl der Fachleute, Dauer des Aufenthaltes, Einzelheiten zur Reise, Tagegelder, Währung, Umfang des Gepäcks, Unterbringung, medizinische Versorgung, Versicherung, Ausgaben für Post, Telefon usw.[297].

II. Garantien

Eine Zusammenstellung findet sich in § 5 des Lizenzvertragsmusters der RGW-Länder[298]. Danach

295) Mündliche Auskunft von Svjadosc.

296) Gorodisskij, S. 85 f.; für sozialistische Partner Vorob-eva, in: Boguslavskij, 1985, S. 211.

297) Gorodisskij, S. 85.

298) Uschakow, S. 788 f.

kann man Garantien unterscheiden, die sich auf die Berechtigung des Lizenzgebers zur Einräumung von Nutzungsrechten, auf die Nutzungsqualität in technischer und wirtschaftlicher Hinsicht und schließlich auf die Qualität der technischen Dokumentation beziehen.

1. Zur Einräumung und Qualität der Nutzungsrechte

Als Lizenznehmer bemüht sich die sowjetische Seite zunächst um die Garantie, daß der Lizenzgeber im notwendigen Umfang über die Rechte zur Nutzung der entsprechenden Erfindung oder des Know-hows verfügt[299].

Die Garantien der Nutzungsqualität betreffen zunächst das technische Niveau. Dabei garantiert der Lizenzgeber, daß der Vertragsgegenstand unter Berücksichtigung der weltweit neuesten Errungenschaften von Wissenschaft und Technik ausgearbeitet worden sei. Darüberhinaus gibt es Garantien technisch-wirtschaftlichen Charakters, die besagen, daß der Vertragsgegenstand erlaube, in den Lizenznehmerunternehmen bezüglich Qualität und Quantität gleiche Ergebnisse wie in den Unternehmen des Lizenzgebers und anderer Lizenznehmer zu erreichen, wenn die Anweisungen des Lizenzgebers eingehalten würden[300].

---

299) Boguslavskij, 1985, S. 170. Zu patentrechtlichen Fragen in diesem Zusammenhang und zu haftungsbeschränkenden Klauseln folgend, unter M.

300) Ebenda, S. 171.

In diesem Punkt unterscheidet Gorodisskij zwischen Erfindungen, für deren Anwendung in der Produktion noch keine oder nur geringe Erfahrung bestehe und Erfindungen, die in der Serienproduktion erprobt seien. Für erstere sei von wirtschaftlichen Garantien abzuraten. Nur für letztere empfiehlt er die genannte Qualitätsgarantie. Wenn technische oder wirtschaftliche Kennziffern angegeben werden, so sei darauf zu achten, daß sie den normalen Arbeitsbedingungen entsprächen und nicht zu hoch angesetzt seien[301]. Wenn nur die technische Effektivität garantiert werden soll, ist es empfehlenswert, keine Angaben zu machen, die den wirtschaftlichen Effekt charakterisieren, weil diese möglicherweise als entsprechende Garantie verstanden werden könnten[302].

Bei Verträgen zwischen sozialistischen Partnern werden gewöhnlich technische und wirtschaftliche Kennziffern im Vertrag festgelegt[303].

Für Know-how-Verträge hält Svjadosc wegen des unbestimmten Risikos eine genaue Angabe der Ergebnisse bei der Nutzung für kaum gerechtfertigt[304].

---

301) Gorodisskij, S. 82 f.

302) Svjadosc, 1980, S. 244.

303) Markov, in: Pozdnjakov, 1986, S. 113; Beispiel bei Mel'nikov, S. 138 f.

304) Svjadosc, 1986, S. 127.

2. Zur technischen Dokumentation

Bei Lizenzverträgen wird gewöhnlich die Garantie für die Vollständigkeit, Richtigkeit und qualitätsgerechte Herstellung der Dokumentation übernommen[305]. In der Praxis werden aber nach sowjetischer Darstellung vertragliche Sanktionen für die Nichteinhaltung der Qualität der technischen Dokumentation in der Regel nicht vereinbart. Ebensowenig werden Fristen zur Mängelbeseitigung an der technischen Dokumentation festgelegt[306]. Diese Praxis wird bei den Lizenzverträgen zwischen sozialistischen Partnern kritisiert. Als Abhilfe wird eine Haftungsklausel im Vertrag vorgeschlagen, die sich an § 18 der Musterregeln über die materielle Verantwortlichkeit der Organisationen für Verträge im Bereich der wissenschaftlich-technischen Zusammenarbeit orientieren soll[307].

3. Haftungsbeschränkungen

Wegen der im sowjetischen Recht herrschenden Ungewißheit bezüglich der Risikoverteilung in Lizenzverträgen[308] ist es von Interesse, haftungsbeschrän-

305) Boguslavskij, in: Pozdnjakov, 1987, S. 121 für Verträge mit sozialistischen Partnern. Allgemein: Vorob-eva, S. 100 f.

306) Vorob-eva, S. 101.

307) Vorob-eva, in: Boguslavskij, 1985, S. 211. Fundstelle der Musterregeln: Primernye pravila o materialnoj otvetstvennosti, S. 7.

308) Svjadosc, 1986, S. 112, stellt dies für den patentrechtlichen Aspekt fest. Angesichts kaum vorhandener Untersuchungen in den weiteren

kende Klauseln in den Vertrag aufzunehmen. Licenzintorg verwendet oft die Klausel, daß es als Lizenzgeber keine Garantie bezüglich Genauigkeit, Vollständigkeit und Brauchbarkeit bei Nutzung der Technologie oder der Qualität oder Quantität eines beliebigen Produktes oder Prozesses gebe und keinerlei Haftung oder Pflichten übernehme, einschließlich Pflichten für im Ergebnis zugefügten Schaden, der infolge der Anwendung der genannten Technologie entstehen könnte[309].

L. Pflichten des Lizenznehmers

I. Zahlung und Produktionsaufnahme

1. Arten der Zahlung

Bei der Festsetzung der Preise nehmen die sozialistischen Länder für sich in Anspruch, neben den im internationalen Lizenzverkehr üblichen Prinzipien, die nur am Gewinn des Lizenznehmers ausgerichtet seien, andere Prinzipien anzuwenden, die sich an den wirklichen Ausgaben orientierten[310].

Die allgemein übliche Preisbildung orientiere sich an der Wirkung der Erfindung, dem Gewinn beim Verkauf, an der Einsparung usw. Demgegenüber erfolge die "sozialistische" Preisbildung unter Berücksich-

---

Bereichen darf man hier wohl verallgemeinern.

309) Zitiert nach Svjadosc, 1980, S. 245.

310) Vorob-eva, in: Boguslavskij, 1985, S. 212, vgl. auch Kamenova, S. 58 f. und Bykow, S. 191 f.

tigung der Erarbeitungskosten, des Neuheitsgrades, des Zeitraums bisheriger Nutzung, der Möglichkeiten mehrfacher Nutzung der Unterlagen, der Nutzungsbedingungen usw.[311].

Die Bezahlung kann prinzipiell auf zwei Arten erfolgen: pauschal oder in Teilen, in der Regel jährlich, während der Gesamtlaufzeit des Lizenzvertrags (Royalties). In der sowjetischen Praxis findet in der Regel ein gemischtes System aus Pauschalen und Royalties Anwendung[312]. In den Lizenzverträgen von Licenzintorg wird meist vereinbart, daß ein Teil der Summe (30-40 % des Lizenzwerts) nach Inkrafttreten zu zahlen sei[313] und ein weiterer Teil in einer bestimmten Frist nach Übermittlung der technischen Dokumentation. Die restliche Summe sei in Teilen, in der Regel jährlich, zu zahlen. Die periodischen Zahlungen könnten feste Summen sein oder vom Wert der hergestellten Lizenzprodukte abhängig gemacht werden[314].

Bei Abhängigkeit der Lizenzgebühr vom Wert der

---

311) Boguslavskij, 1985, S. 172, Vorob-eva, ebenda, S. 212. Zu Berechnungsverfahren Kurnosov, VT 1987, Nr. 12, S. 27 f. (auf deutsch in: AH 1987, Nr. 12, S. 23 f.) und Ivanov, V.I. 1962, Nr. 8, S. 35 f. Die Abhebung der "sozialistischen" Preisbildung von der allgemein üblichen ist nicht sehr einleuchtend und hat wohl vorwiegend ideologische Gründe.

312) Boguslavskij, 1985, S. 172.

313) Teilweise ist die Anzahlung auch Voraussetzung für das Inkrafttreten oder entsteht mit Verzug des Lizenznehmers ein Kündigungsrecht, Gorodisskij, S. 81.

314) Vorob-eva, S. 118.

Lizenzprodukte wird zur Sicherung der Lizenzgeberinteressen gewöhnlich eine jährlich zu zahlende Minimalsumme festgelegt[315]. Weiter ist in diesem Fall nötig, dem Lizenzgeber Rechte auf Information und Rechnungslegung einzuräumen[316]. Einige Stimmen in der sowjetischen Literatur nehmen diesem Problemkreis gegenüber eine kritische Haltung ein: Weil eine Abhängigkeit der Lizenzgebühr vom Lizenznehmergewinn eine schwer zu verwirklichende Kontrolle der finanziellen Lage einer westlichen Firma notwendig mache, sei dies nicht wünschenswert[317]. Da in internationalen Regelungsvorschlägen immer nur von der Kontrolle der Buchhaltung die Rede sei und nicht von unmittelbaren Kontrollen im Unternehmen selbst, könnten auch sowjetische Unternehmen so vorgehen, daß sie nur Kontrollen ihrer Buchhaltung vereinbarten[318]. Entsprechend werden in der sowjetischen Praxis beim Lizenzkauf vor allem Pauschalpreise vereinbart[319].

Weiter findet eine solche Preisgestaltung Anwendung bei Know-how-Verträgen, bei Anlagenverträgen, wenn

---

315) Ebenda, S. 119; Boguslavskij, 1985, S. 173.

316) Ebenda, S. 173; Vorob-eva, in: Boguslavskij, 1985, S. 213.

317) Gorodisskij und Ivanov, zitiert nach Boguslavskij, 1963, S. 209.

318) Mel'nikov, S. 152.

319) Ders., S. 150. Nach Vida, S. 77, lasse sich Licenzintorg als Lizenznehmer nicht auf produktionsabhängige Lizenzgebühren ein, wegen der damit verbundenen Kontrollnotwendigkeit. Nach von Lingelsheim-Seibicke, A, S. VII, 15 werden neuerdings im Osthandel solche Kontrollrechte zugestanden.

die Lizenz nur Teil des Vertrags ist[320], besonders bei untergeordneter Bedeutung und wenn keine ausreichenden Kontrollmöglichkeiten bestehen. Der Pauschalpreis kann sofort oder in Teilen gezahlt werden[321].

Abschließend sei zu diesem Bereich noch bemerkt, daß Zahlungsklauseln auf Kompensationsbasis in Verträgen mit sowjetischen Lizenznehmern in der sowjetischen Literatur kaum erwähnt werden, obwohl, wie es an einer Stelle heißt, "eine Tendenz des Übergangs zu einer Kompensationsform der Zahlung" zu beobachten sei[322].

2. Abwicklung der Zahlung

Neben der Festsetzung der Lizenzgebühren ist es auch Sache des Vertrags, genau festzulegen, wie die

---

320) Mel'nikov, S. 132 f., empfiehlt hier die Vereinbarung von Einzelpreisen für Anlage, Know-how und technische Dokumentation, um späteren Problemen vorzubeugen.

321) Gorodisskij, S. 87 f.

322) Simanovskij, VT 1980, Nr. 2, S. 18 f. (19), der darin eine Erweiterung der Zusammenarbeitsmöglichkeit bei der Entwicklung des Lizenzvertrags sieht; Erwähnung der Kompensation als Form des Handels bei Ogorodnik, Sineckij, VT 1987, Nr. 5, S. 27 f. (29); vgl. auch Žerebrovskij, Ponomarev, VT 1986, Nr. 10, S. 18 f., Ponomarev, VT 1983, Nr. 11, S. 27 f.; ausführlich Krumm, S. 143 f., von Lingelsheim-Seibicke, A, S. VI, 1 f.

Zahlung abgewickelt wird (z.B. Fristen, beteiligte Banken, Akkreditiveröffnung, Währung usw.)[323].

Wegen der langen Dauer der Lizenzverträge können Kursschwankungen auf das ursprünglich ausgehandelte Verhältnis von Leistung und Gegenleistung einen negativen Einfluß haben. Die in der sowjetischen Praxis wichtigste Klausel zum Schutz vor solchen Auswirkungen ist die "Goldklausel", bei der der Wert einer Währung in einer Goldmasse ausgedrückt und vereinbart wird, daß sich die zu zahlende Summe in der Währung auf den aktuellen Wert beläuft, den die Goldmasse hat, die bei Vertragsabschluß dem Preis entsprochen hat[324].

Gewöhnlich wird in den Verträgen auch vereinbart, daß alle Gebühren, Steuern und sonstige Ausgaben in Verbindung mit Vertragsschluß und Erfüllung, die auf dem Territorium des Lizenzgebers anfallen, von diesem getragen werden, ebenso wie die im Land des Lizenznehmers und in den sonstigen Territorien des Lizenzvertrags anfallenden vom Lizenznehmer getragen werden[325]. Der Lizenznehmer trägt auch die Kosten

323) Beispiel aus einem Vertrag von Licenzintorg bei Gorodisskij, S. 91; zu Finanzierungsfragen im Ostgeschäft: von Lingelsheim-Seibicke, A, S. V, 1 f.

324) Ausführlich Gorodisskij, S. 92 f. Dazu aus bundesdeutscher Perspektive Stumpf, 1984, S. 246 f. und ders., 1970, S. 135 f. Allgemein zu diesen Problemen im sowjetischen Außenhandel: Doronin, VT 1986, Nr. 11, S. 28 f.

325) Vgl. § 8 des Lizenzvertragsmusters der RGW-Staaten in Uschakow, S. 792.

des Geldwechsels und der Überweisung der Anzahlung und laufenden Zahlungen[326].

3. Produktionsaufnahme

Besonders bei produktionsabhängigen Lizenzgebühren ist der Lizenzgeber an der baldigen Aufnahme der Produktion interessiert. Zur Sicherung der rechtzeitigen Produktionsaufnahme hat die Sowjetunion als Lizenzgeber z.B. eine Klausel verwendet, die bei nicht rechtzeitigem Produktionsbeginn das Recht zur Umwandlung einer ausschließlichen Lizenz in eine einfache Lizenz gewährt[327].

II. Geheimhaltung

Die Regelung dieser Frage ist ein Kernstück jedes Know-how-Vertrags. Die Geheimhaltungspflicht

---

326) Gorodisskij, S. 96. Zur Besteuerung von Lizenzeinnahmen im Verhältnis BRD-Sowjetunion kurz Grützmacher, Schmidt-Cotta, Laier, S. 242; Beckmann-Petey, RIW 1986, S. 501 f. (505 f.). Zum Doppelbesteuerungsabkommen BRD-UdSSR und der Behandlung von Lizenzeinnahmen Wilke, ROW 1982, S. 161 f.; vgl. auch Erlaß des Niedersächsischen Finanzministeriums dazu, RIW 1986, S. 78 und Schreiben des Bundesministers der Finanzen, RIW 1985, S. 834. Zur sowjetischen Ausländerbesteuerung: Bergmann, RIW 1979, S. 254 f. und 1978, S. 520 f. Rechtsgrundlagen in VVS SSSR 1978, Nr. 20, st. 313, S. 277 f., deutsche Übersetzung der sowjetischen Regelung in von Lingelsheim-Seibicke, Länderteil, Sowjetunion, S. 35 f.

327) Ebenda, S. 172.

trifft im Regelfall den Lizenznehmer. Bei Übergabe von Verbesserungen des Lizenznehmers kann sie aber auch den Lizenzgeber betreffen[328]. Dem sowjetischen Lizenzgeber wird empfohlen, den Kreis der Personen, die Zugang zum Know-how haben dürfen, genau festzulegen und möglichst klein zu halten. Zu diesem Kreis gehört zunächst das Personal der Firma[329]. Weiter können dazu noch Personen von Filialen, Tochtergesellschaften, Subunternehmen und Unterlizenznehmern des Lizenznehmers gehören, sowie die Käufer der Lizenzprodukte, soweit zur Bedienung erforderlich[330]. Auf die Wichtigkeit dieser Regelung für die Beweissituation bei späteren Streitigkeiten wird besonders hingewiesen[331].

Mel'nikov empfiehlt zur Regelung der Geheimhaltung eine Musterklausel folgenden Inhalts[332]:

- Die Parteien verpflichten sich, alle zur Geheimhaltung des Vertragsgegenstands nötigen Maßnahmen zu ergreifen.
- Die Dokumente oder Gegenstände, die in § ... aufgezählt sind, werden von den Parteien als streng geheim angesehen.
- Die Parteien verpflichten sich, alle nötigen Maßnahmen zu ergreifen, um die Verletzung der Regeln zur

---

328) Mel'nikov, S. 133 f.

329) Svjadosc, 1980, S. 268, empfiehlt noch den Zusatz "unmittelbar mit der Nutzung verbundenes Personal".

330) Ders., 1986, S. 127.

331) Ebenda und ders., 1980, S. 269.

332) Mel'nikov, S. 134 f., vgl. auch Wiedergabe bei Boguslavskij, 1985, S. 173 f.

Nutzung der Dokumente und Gegenstände nach § ... zu verhindern. Ohne vorheriges Einverständnis der Gegenseite dürfen nicht die Originale der Dokumente und/oder der Gegenstände und/oder ihre Kopien oder andere beliebige Reproduktionen an Dritte übergeben werden.

- Die Parteien verpflichten sich, das nach Vertrag übergebene Know-how nur einer streng begrenzten Zahl von Mitarbeitern zur Kenntnis zu geben, von denen die schriftliche Zusicherung der Nichtverbreitung des vertragsgegenständlichen Know-hows eingeholt werden muß.
- Die genannten Pflichten bleiben nach Vertragsablauf noch ... Jahre in Kraft.
- Wenn das Know-how, das Vertragsgegenstand ist, durch rechtswidriges Tun oder Unterlassen einer Seite seinen geheimen Charakter verliert, ersetzt die schuldige Seite der Gegenseite den direkten Schaden.
- Wenn das Know-how, das Vertragsgegenstand ist, durch technischen Fortschritt seinen geheimen Charakter verliert, führen die Seiten Verhandlungen über eine mögliche Herabsetzung der Lizenzgebühren für das vertragsgegenständliche Know-how (Ende der Musterklausel).

Bei den vorgeschlagenen und in der Praxis üblichen Schadensersatzregelungen gibt es Varianten. Svjadosc spricht von Schadensersatz, der nicht selten durch die Gesamtsumme der Lizenzgebühren begrenzt sei, wovon er aber den Fall der Verbreitung von Informationen ausnimmt. Nach Vorob-eva wird bei Verträgen zwischen sozialistischen Partnern Ersatz des direkten Schadens vereinbart, der in der Regel durch die nach Vertragsschluß bereits bezahlten oder erhaltenen Summen begrenzt wird[333].

Für die Zusicherung der Nichtverbreitung von Know-how durch Mitarbeiter des Lizenznehmers schlägt Mel'nikov ebenfalls eine Musterregelung vor[334]. Darin hat der Mitarbeiter zu bestätigen, daß alle Unterlagen, Originale wie Reproduktionen bezüglich der Vertragsgegenstände, als streng geheim anzusehen seien und diese Unterlagen und seine persönlichen Aufzeichnungen an einem sicheren Ort bei der dazu bestimmten Person zu verwahren seien. Weiter verpflichtet sich der Mitarbeiter, die Unterlagen nicht zu kopieren, nicht aus dem Unternehmen zu entfernen, den Inhalt nicht Dritten mitzuteilen (es sei denn, bei besonderer Erlaubnis) und die Geheimhaltungspflicht eine bestimmte Zahl von Jahren ab Unterschrift einzuhalten - auch gegenüber eventuellen neuen Arbeitgebern.

---

333) Svjadosc, ebenda, S. 270; Vorob-eva, in: Boguslavskij, 1985, S. 215.

334) Mel'nikov, S. 135 f.

M. Patentrechtliche Fragen und vertragliche Regelungen für Konflikte mit Dritten

I. Gesetzliche Lage[335] und vertragliche Regelungen vor Patenterteilung

Auch in diesem Bereich erfolgt die Risikoverteilung zwischen Lizenzgeber und Lizenznehmer vor allem durch vertragliche Regelung. In Einzelfragen finden sich in der Literatur aber auch Hinweise auf die Lage nach sowjetischem Recht. Die gesetzliche Lage bei Wegfall des Patents wurde bereits erwähnt[336]. Für den Fall der fehlenden "Patentreinheit" führt Svjadosc aus, daß hier der Lizenzgeber hafte. Dies sei nicht direkt geregelt. Die spezielle Gesetzgebung gehe aber von einer Haftung der Außenhandelsorganisation gegenüber dem ausländischen Importeur aus[337]. Svjadosc begründet die Haftung mit der analogen Anwendung von Art. 241 GK RSFSR (Rechtsmängelhaftung beim Kauf)[338].

---

335) Zum Schutz der Rechte der Erfinder in der Sowjetunion: Mamiofa, V.I. 1986, Nr. 8, S. 16 f.; bei Warenzeichen: Grigor'ev, V.I. 1988, Nr. 5, S. 63 f., vgl. auch Bjul. Verch. Suda SSSR 1985, Nr. 1, S. 13 f. oder V.I. 1985, Nr. 3, S. 60 in Verbindung mit V.I. 1987, Nr. 12, S. 56, deutsch in GRUR Int. 1987, S. 232.

336) S.o., 3. Abschn., E, I.

337) Svjadosc, V.I. 1980, Nr. 6, S. 14 f. (18) und ders., 1986, S. 117 f. Als Beleg zitiert er § 10 der Regelung in Bjul. NAM SSSR 1975, Nr. 1, S. 17 f. und § 5.5 der Regelung in V.I. 1975, Nr. 5, S. 38 f. (die zur Haftungsvermeidung eine entsprechende Prüfung der Lizenzobjekte vorsehe) - in Svjadosc, 1986, S. 118.

338) In V.I. 1980, Nr. 6, S. 14 f. (18).

Die vertraglichen Regelungen betreffen oft schon die Situation vor Erteilung eines Patents, weil die Parteien nicht die oft langwierige Erteilungsprozedur abwarten wollen[339]. Teilweise wird in den Verträgen auch vorgesehen, daß der Lizenznehmer den Lizenzgeber bei diesem Verfahren im Land des Lizenznehmers unterstützt[340]. Aus der sowjetischen Praxis wird auch ein Fall erwähnt, in dem sich die sowjetische Lizenzgeberseite im Lizenzvertrag dazu verpflichtet hat, in weiteren Ländern Patente zu erwerben und die Kosten dafür zu tragen[341]. Wenn bei Vertragsschluß noch kein Patent erteilt ist, wird in der Regel vereinbart, daß im Fall der Nichterteilung die Lizenzgebühr herabgesetzt wird oder daß der Lizenznehmer ein Kündigungsrecht hat[342]. Es gibt aber auch vertragliche Regelungen, die Konsequenzen für den Fall der Nichterteilung ausschließen[343].

II. Regelungen zum Bestand des Patents

Für den Fall, daß ein Patent erteilt wurde oder wird, enthalten Lizenzverträge gewöhnlich eine Klausel, nach der der Lizenzgeber garantiert, daß

339) Markov, in: Pozdnjakov, 1986, S. 102.

340) Boguslavskij, in: Pozdnjakov, 1987, S. 123.

341) Gorodisskij, S. 99.

342) Markov, in: Pozdnjakov, 1986, S. 115.

343) Ein Beispiel aus der sowjetischen Praxis bei Gorodisskij, S. 109.

er im notwendigen Umfang Inhaber der Rechte an den Erfindungen und am Know-how sei, die Vertragsgegenstand seien[344] und daß er sich verpflichte, die Patente in Gültigkeit zu halten[345].

In der sowjetischen Vertragspraxis, in der ausschließliche Lizenzen die wichtigste Rolle spielen, findet sich gewöhnlich in der Präambel des Vertrags die Aussage, daß die Parteien davon ausgingen, daß der Lizenzgeber die entsprechenden Rechte innehabe[346]. Als Rechtsfolgen einer Nichteinhaltung können wiederum ein Kündigungsrecht oder eine Änderung der Preisklausel vorgesehen werden[347]. Wenn im Vertrag keine Rechtsfolge geregelt wird, greift Art. 219 GK RSFSR, der eine Verpflichtung zum Schadensersatz festlegt[348].

Entsprechend der Situation bei Nichterteilung eines Patents dürfte aber auch der vertragliche Ausschluß von Konsequenzen möglich sein. In der Praxis der sowjetischen Außenhandelsvereinigungen gibt es zwei Arten von Klauseln, mit denen eine

344) Boguslavskij, 1985, S. 170.

345) Svjadosc, 1986, S. 114.

346) Gorodisskij, S. 98 f.

347) Svjadosc, 1980, S. 242.

348) Ebenda, S. 243, vgl. auch ders., 1986, S. 116. Dort stellt er auch fest, daß die Rechtsfolgen bei einer Garantieklausel zur Gültigkeit eines Patents durch die Anwendung von Art. 219 GK RSFSR schwerwiegender seien als beim Fehlen einer solchen Klausel. Daraus kann man entnehmen, daß Svjadosc in der Garantieklausel eine über den Umfang der dispositiven Rechte des Lizenznehmers hinausgehende Verpflichtung des Lizenzgebers sieht.

solche Haftung ausgeschlossen werden kann: die direkte, wonach keine Garantie für die Gültigkeit des Patents übernommen wird und die häufiger benutzte indirekte, nach der der Lizenznehmer die Begründetheit der Rechte des Lizenzgebers anerkennt und in Zukunft anerkennen wird. Manchmal tritt dazu noch die Klausel, daß der Lizenznehmer nicht selbst oder in Zusammenwirkung mit Dritten die Gültigkeit des Patents bestreiten wird (Nichtangriffsklausel)[349].

III. Regelungen zur "Patentreinheit"

Bei der Frage der "Patentreinheit" versuchen Lizenznehmer oft die Klausel in den Vertrag aufzunehmen, daß das Patentobjekt keine fremden Patentrechte verletze oder daß dem Lizenzgeber keine entgegenstehenden Patentrechte Dritter bekannt seien. Nach Svjadosc haftet bei der Verletzung eines Patents durch den Lizenznehmer der Lizenzgeber bei beiden Klauselvarianten gegenüber dem Lizenznehmer wegen Nichterfüllung einer Vertragspflicht[350]. Nach dem Wortlaut der zweiten Variante dürfte das allerdings bei Unkenntnis des Lizenzgebers über den Bestand des fremden Patents nicht der Fall sein.

Als Rechtsfolge einer solchen Vertragsverletzung kann üblicherweise eine Schadensersatzpflicht oder ein Kündigungsrecht mit Schadensersatzpflicht verein-

---

349) Svjadosc, 1980, S. 240; vgl. auch ders., 1986, S. 115 f.

350) Svjadosc, ebenda, S. 119.

bart werden. Als Form des Schadensersatzes wird oft eine Zahlungseinstellung vereinbart. Der Umfang des Schadensersatzes kann durch die Gesamtsumme der Lizenzgebühren begrenzt werden. Dem Lizenznehmer kann das Recht zur Zahlungseinstellung schon zu Beginn des Streits, also vor der Gewißheit über die Berechtigung des Patentverletzungsvorwurfs, zugestanden werden[351] - eine gefährliche Klausel, da sie zur Erhebung einer Verletzungsklage provozieren kann.

Der Lizenzgeber versucht demgegenüber Klauseln in den Vertrag aufzunehmen, die die Haftung für die Verletzung fremder Patente und daraus entstehende Schäden des Lizenznehmers ausschließen[352].

IV. Regelungen für Konflikte mit Dritten

Die möglichen Konflikte um die Patente des Lizenzgebers und Dritter können in verschiedene prozessuale Konstellationen einmünden. Für eine friedliche Abwicklung des Lizenzvertrags kann es von großer Bedeutung sein, daß die Verteilung der Pflichten zu Schutz- oder Verteidigungsmaßnahmen, zu gegenseitiger Hilfeleistung und zur Kostentragung genau festgelegt ist. Dabei müssen die nationalen Besonderheiten des jeweiligen Schutzlandes beachtet werden (z.B. Vorschriften über die Berechtigung zur Klage und zu Schutzmaßnahmen). In der sowjetischen Literatur

351) Ders., 1980, S. 251.

352) Beispiel einer Klausel von Licenzintorg bei Svjadosc, ebenda, S. 250. Zur entsprechenden Praxis nach bundesdeutschem Recht: Stumpf, 1984, Rdn. 261 f.

findet sich eine Reihe von Hinweisen zu der üblichen Risiko- und Pflichtenverteilung im sowjetischen Außenhandel.

1. Patentverletzung durch Dritte

Wenn ein Dritter das Patent des Lizenzgebers verletzt, so ist zu beachten, daß in vielen Ländern neben dem Patentinhaber nur der ausschließliche und nicht der einfache Lizenznehmer zu Schutzmaßnahmen berechtigt ist[353].

In Verträgen sowjetischer Außenhandelsorganisationen findet sich oft die Klausel, daß der Lizenzgeber die notwendigen Schutzmaßnahmen ergreifen müsse, während der Lizenznehmer unverzüglich den Lizenzgeber über die Verletzungen zu benachrichtigen habe und beim Prozeß alle mögliche, nötige und vernünftige Hilfe zu leisten habe[354]. In diesem Zusammenhang wird in der Literatur aus der Vertragspraxis von Licenzintorg eine Klausel erwähnt, die für den Fall, daß der Lizenzgeber einen Monat nach Benachrichtigung durch den Lizenznehmer noch keine Maßnahmen ergriffen hat, dem Lizenznehmer das Recht dazu gibt[355]. Die genannte Rollenverteilung kann aber

353) Vgl. Svjadosc, 1986, S. 120.

354) Ebenda.

355) Ders., 1980, S. 254.

auch umgekehrt sein[356] oder beide Vertragsparteien können sich zu gemeinsamen Schutzmaßnahmen verpflichten, wobei dann auch die Kosten und möglichen Ersatzpflichten von beiden zu tragen sind[357]. Häufig wird auch vereinbart, daß der Kläger alle Ausgaben trägt, aber auch alle Einnahmen bekommt[358].

Wenn bei einer Patentverletzung die sowjetische Seite als Lizenzgeberin zu Schutzmaßnahmen verpflichtet ist, können, wie bereits erwähnt, Probleme dadurch entstehen, daß die Außenhandelsorganisation - in der Regel Licenzintorg - nicht selbst Patentinhaberin ist. In der Praxis des sowjetischen Außenhandels gibt es Klauseln, die das sowjetische Patentinhaberunternehmen oder die Außenhandelsorganisation zu Schutzmaßnahmen verpflichten[359]. Wird beispielsweise Licenzintorg verpflichtet, dann ist zu beachten, ob die Regelungen im Land des verletzten Patents überhaupt Schutzmaßnahmen von Licenzintorg zulassen, weil im sowjetischen Innenverhältnis zwischen Licenzintorg und dem Patentinhaberunternehmen im Regelfall keine Absprachen bestehen, die man z.B. als Lizenzvertrag deuten könnte. Die Gegenseite könnte sich im Prozeß dann gegebenenfalls auf mangelnde Aktivlegitimation von Licenzintorg berufen. Sollte sofort oder nachträglich ein solcher Lizenzvertrag abgeschlossen worden sein, ist noch zu prüfen, ob dessen Anerkennung nicht z.B. an einer fehlenden Registrie-

356) Beispiel bei Gorodisskij, S. 101; vgl. auch Markov, in: Pozdnjakov, 1986, S. 116.

357) Ebenda.

358) Svjadosc, 1980, S. 254.

359) Ebenda, S. 251.

rung im Land des Patents scheitert[360]. Vor diesem Hintergrund ist die erwähnte Praxis ausländischer Firmen verständlich, die vor Lizenzvertragsschluß die Abtretung der interessierenden Patente an die Außenhandelsorganisation fordern[361].

Gegen die Möglichkeit, das Patentinhaberunternehmen zu Schutzmaßnahmen zu verpflichten, kann eingewandt werden, daß dieses bei der im sowjetischen Lizenzhandel üblichen Handhabung nicht Vertragspartner sei (sofern keine Außenhandelsberechtigung gegeben ist). Dieser Einwand dürfte aber in der Praxis nicht viel wiegen, weil er nur eine Konsequenz aus der sowjetischen Außenhandelsstruktur ist und nicht zu erwarten ist, daß die sowjetische Seite als Lizenzgeber die dort bestehenden Ungereimtheiten ausnutzt. Außerdem können in diesem Fall Probleme bei der Geltendmachung von Schadensersatzansprüchen entstehen - wegen der Unklarheit im Verhältnis Patentinhaberunternehmen - Außenhandelsorganisation und wegen der vom internationalen Bereich des Rechtsverhältnisses abgetrennten innersowjetischen Preisgestaltung (Problem des Schadensumfangs)[362].

Demnach bleibt als sicherste, aber wahrscheinlich nur fallweise durchsetzbare Konstruktion, die Abtretung des Patents an die Außenhandelsorganisation zu verlangen.

360) Vgl. ebenda, S. 186.

361) S.o., 3. Abschn., D, II, 2.

362) Svjadosc, a.a.O., S. 188 f. gibt ein Beispiel aus dem Bereich des Warenverkaufs.

2. Angriffe Dritter gegen Patente des Lizenzvertrags

In den Verträgen der sowjetischen Außenhandelsorganisationen wird meistens der Lizenzgeber oder der Patentinhaber zur Prozeßführung verpflichtet. Der Lizenznehmer muß Hilfe leisten[363]. Wenn die sowjetische Seite Lizenzgeber ist und sich z.B. in der Bundesrepublik gegen eine Nichtigkeitsklage verteidigt, ist nach bundesdeutschem Recht nur der eingetragene Patentinhaber, also in der Regel das sowjetische Patentinhaberunternehmen, passivlegitimiert[364]. Für solche Fälle wird man im Lizenzvertrag also eine entsprechende Pflicht des Patentinhabers vereinbaren[365].

3. Angriffe Dritter gegen den Lizenznehmer wegen Verletzung fremder Patente

Hier ist die Regelung üblich, daß der Lizenznehmer sich verteidigt und der Lizenzgeber technische und juristische Unterlagen zur Verfügung stellt und sich auch an der finanziellen Belastung beteiligt[366].

Es finden sich aber auch Klauseln, wonach der Lizenznehmer im Streitfall den Lizenzgeber davon

---

363) Ders., 1986, S. 119.

364) Vgl. Benkard, § 81, Randziffer 2 f.

365) Die Bedenken des vorausgehenden Absatzes gelten entsprechend.

366) Svjadosc, a.a.O., S. 120.

benachrichtigt und dieser dann auf seine Kosten und sein Risiko den Streit regelt[367].

Bei der Kostenregelung wird in der Literatur noch auf eine Begrenzungsmöglichkeit der finanziellen Beteiligung des Lizenzgebers bis zur Höhe der bis zur Klageerhebung gezahlten Lizenzgebühren hingewiesen[368].

Beim Warenverkauf möchte Svjadosc bei einer Patentverletzungsklage gegen den Käufer den Verkäufer mit der analogen Anwendung von Art. 250 GK RSFSR zum Prozeßbeitritt auf der Käuferseite verpflichten[369]. Das dürfte sich auch auf die entsprechende Konstellation beim Lizenzvertrag übertragen lassen.

---

367) Markov, in: Pozdnjakov, 1986, S. 117.

368) Boguslavskij, 1985, S. 176, ohne auf die in der sowjetischen Praxis gegebene Bedeutung dieser Regelung einzugehen, die für den Lizenznehmer unter Umständen schwerwiegende Folgen haben kann.

369) Svjadosc, 1980, S. 167. Die Wirkung ist ähnlich wie die der Streitverkündung nach bundesdeutschem Recht.

N. Weitere Fragen[370]

I. Austausch von Verbesserungen

Der Austausch kann sowohl vom Lizenzgeber zum Lizenznehmer als auch in umgekehrter Richtung erfolgen. Wegen der Besonderheiten der Organisation des sowjetischen Außenhandels ist es wichtig, klarzustellen, welche sowjetischen Unternehmen an dem Austausch beteiligt sind[371].

Man kann allgemein bei diesem Austausch mehrere Konstellationen unterscheiden und es ist sinnvoll, im Vertrag die Folgen eines möglichen Eintritts der Konstellationen zu regeln.

Der Austausch nichtpatentfähiger Verbesserungen erfolgt gewöhnlich unentgeltlich, gegen Ersatz der faktischen Ausgaben zur Herstellung des Materials und der Übersendung[372].

Bei patentfähigen Verbesserungen kann danach unterschieden werden, ob sie noch zum Gegenstand des abgeschlossenen Lizenzvertrags gehören oder darüber hinausgehen. Nach Gorodisskij sei letzteres dann der Fall, wenn die Anwendung dieser Verbesserungen wesentlich die wirtschaftliche und technische Wirkung des Vertragsgegenstandes verändere. Dann sei zur Übergabe der Verbesserungen ein neuer Lizenz-

370) Zu Fragen des Kartellrechts, das innerhalb der Sowjetunion bislang nicht existiert (Muchamedšin, V.I. 1988, Nr. 3, S. 23 f. [25]) vgl. Beck, S. 408 f., Stumpf, 1984, Rdnr. 505 f. und 583 f.

371) Vgl. Problembeispiel bei Gorodisskij, S. 49 f.

372) Boguslavskij, 1985, S. 176.

vertrag notwendig. Für einen solchen Fall könne der jeweilige Partner sich das Recht zusichern lassen, als erster eine solche Lizenz zu erhalten[373].

Handelt es sich um Verbesserungen, die dem Vertragsgegenstand unterfallen und die patentiert werden sollen, so kann eine Reihe weiterer Fragen entstehen. Bei ihrer vertraglichen Regelung sind die patentrechtlichen Vorschriften des jeweiligen Schutzlandes zu beachten und die konkrete Marktsituation der Vertragspartner. Z.B. kann es sinnvoll sein, daß, unabhängig von der Urheberschaft, ein Partner Patentinhaber wird, der eine besonders gute Position zur Verwertung des Patents hat. Im Gegenzug könnte dafür der andere Partner eine kostenlose Lizenz erhalten. Für die vertragliche Regelung der Fragen, wer wo Patente beantragt und die Kosten trägt, gibt es auch in der sowjetischen Praxis zahlreiche Möglichkeiten, die sich kaum typisieren lassen[374].

II. Werbung

Das Werbematerial wird von dem sowjetischen Betrieb vorbereitet, der die technische Errungenschaft entwickelt hat. Licenzintorg schickt das Material gewöhnlich an die Handelsvertretungen im Ausland, auf internationale Ausstellungen und Messen oder unmittelbar an potentielle Käufer. Weitere Reklamemöglichkeiten bestehen in der Veröffentlichung von

373) Gorodisskij, S. 104: "Recht der ersten Hand". Vgl. auch Pozdnjakov, 1986, S. 72. Es entspricht der Vorhand im bundesdeutschen Recht.

374) Dazu Gorodisskij mit Beispielen, S. 104 f.

Zeitschriftenartikeln über die Erfindung und bei Vorträgen auf Fachkongressen[375].

In manchen Lizenzverträgen mit sowjetischer Beteiligung finden sich Klauseln zu Reklamefragen. Am meisten verbreitet ist die Erlaubnis des sowjetischen Lizenzgebers, daß der Lizenznehmer angeben kann "hergestellt aufgrund sowjetischer Lizenz" oder daß sich der Lizenznehmer auf das sowjetische Unternehmen beziehen kann[376]. Nach Vida werden in kaum einem anderen Land Reklameprobleme bei Lizenzverträgen so vertieft in den Vertragstexten behandelt wie bei sowjetischer Lizenzvergabe, d.h. mit genauen Angaben zur Information über die Lizenz, zu Prospekten, zur Werbung auf Ausstellungen, Konferenzen usw.[377].

Aus der Tatsache, daß die Zahl der für sowjetische Anmelder im Ausland registrierten Warenzeichen von 1975 bis 1985 sich verzehnfacht hat, ist das große Interesse der Sowjetunion in diesem Feld ablesbar[378],

375) Gorodisskij, S. 154 f.; allgemein zur Werbung im sowjetischen Außenhandel Ženichov, Matveeva, VT 1987, Nr. 9, S. 32 f., Deomidov, VT 1987, Nr. 3, S. 14 f., Karpov, VT 1984, Nr. 9, S. 22 f., Benenson, VT 1984, Nr. 4, S. 22 f.; Statut von "Zagranrekalama" in VT 1984, Nr. 4, S. 53 f.

376) Vida, 1978, S. 78 f., ohne Angaben, inwieweit auch Verpflichtungen hier üblich sind.

377) Ebenda.

378) Zahl der 1985 im Ausland registrierten Warenzeichen: 3806, vgl. Kalinowski, Kukrus, AH 1988, Nr. 2, S. 13 f.

so daß sowjetische Warenzeichenlizenzen in Zukunft wohl größere Bedeutung haben werden[379].

III. Zwangslizenzen

In § 35 der Erfinderverordnung ist geregelt, daß bei besonders großer Bedeutung einer Erfindung für den Staat ein zwangsweiser Ankauf des Patents oder eine Zwangslizenzierung gegen Vergütung erfolgen kann. In der Literatur wird diese Vorschrift dahingehend erläutert, daß diese Zwangsmittel nicht nur bei Mißbrauch der verbietenden Funktion eines Patents eingesetzt werden könnten, wenn z.B. überhaupt die Vergabe einer Lizenz verweigert wird. Ein Einsatz sei auch möglich, wenn die Vertragsbedingungen des Lizenzgebers es nicht erlaubten, die Erfindung in einem für die Volkswirtschaft notwendigen Umfang zu nutzen oder wenn eine unverhältnismäßig hohe Vergütung verlangt werde[380].

Bisher hat diese Vorschrift, die ein gewisses Gefahrenpotential hat, nach sowjetischer Darstellung aber noch keine praktische Bedeutung erlangt[381].

---

379) Regelung der Nutzung von Warenzeichen beim Export sowjetischer Produkte in V.I. 1986, Nr. 11, S. 50 f., mit kurzem Hinweis auf die mögliche Geltung von Urheberrecht für das Reklamematerial (S. 54).

380) Rassochin, V.I. 1984, Nr. 6, S. 16 f. (18).

381) Ebenda.

O. Reglungen für Streitfälle

I. Schiedsgerichtsklauseln

Auch bei sorgfältiger Abfassung eines Lizenzvertrags wird es den Parteien kaum gelingen, im voraus eine Regelung für alle später eintretenden Situationen zu vereinbaren. Während der langen Laufzeit des Vertrags können Meinungsverschiedenheiten über die Auslegung bestimmter Punkte des Vertrags entstehen. Die Parteien werden sich dann durch Verhandlungen um eine Beilegung der Streitigkeiten bemühen. Oft finden sich in den Verträgen Klauseln, die die Verpflichtung dazu enthalten[382]. Wenn keine Einigung zustande kommt, bleibt nur noch der Weg zu Schiedsgerichten oder staatlichen Gerichten. Dabei wird dem Schiedsgericht in der internationalen Praxis (auch der Sowjetunion) der Vorzug gegeben. Das Verfahren ist einfacher und schneller und, worauf die Parteien oft großen Wert legen, nicht öffentlich[383].

---

382) Svetlanov, in: Boguslavskij, 1985, S. 266.

383) Pozdnjakov, 1986, S. 128. Zu Besonderheiten bei Verträgen zwischen RGW-Mitgliedern ders., S. 134 f. Allgemein zu Schiedsgerichtsverfahren mit sowjetischen Partnern Stumpf, RIW 1987, S. 821 f.; Hintz, RIW 1986, S. 506 f.; Muchamedšin, V.I. 1986, Nr. 5, S. 55 f.; Orlov, in: Nordic Journal of International Law 1986, S. 310 f.; Böckstiegel, Glossner; Pfaff, RIW 1977, S. 125 f. und 1976, S. 253 f.; Waehler, in: Pfaff 1973, S. 432 f.; Pisar, S. 219 f.; Lebedev, in: Pozdnjakov, 1970, S. 297 f.; Pfaff, AWD 1969, S. 131 f. Zu Schiedsgerichtsklauseln auch Krumm, S. 133.

1. Zuständigkeit eines ständigen Schiedsgerichts

In einer Schiedsgerichtsklausel können die Parteien die Zuständigkeit eines ständigen oder eines Gelegenheitsschiedsgerichts vereinbaren. Bei den Verträgen sowjetischer Außenhandelsorganisationen überwiegen die Klauseln zugunsten ständiger Schiedsgerichte[384], wobei eine Reihe der Organisationen vor allem die Zuständigkeit des Schiedsgerichts bei der Handels- und Industriekammer der UdSSR vereinbart hat[385].

Dieses Schiedsgericht spielt für die sowjetische Rechtspraxis zu Problemen des Außenhandels eine zentrale Rolle. Seine alte Bezeichnung war Außenhandelsarbitragekommission bei der Handels- und Industriekammer der UdSSR[386]. Mit Ukaz vom 14.12.87[387] wurde es wie erwähnt umbenannt. Eine wichtige Änderung hat es im Zuständigkeitsbereich des Schiedsgerichts gegeben. Früher war er auf vertragsrechtliche und andere zivilrechtliche Beziehungen zwischen Rechtsträgern verschiedener Länder beschränkt. Die letzte Einschränkung ist weggefallen. Nach der neuen Satzung erstreckt sich die Zuständigkeit auf vertragsrechtliche und andere zivilrechtliche Beziehungen bei der Verwirklichung der Außenhandels- und anderer

384) Pozdnjakov, 1986, S. 139.

385) Ebenda, S. 140; vgl. auch Art. 6 Grundlagen der Zivilgesetzgebung und Art. 27 der Zivilprozeßordnung der RSFSR.

386) Russische Abkürzung: VTAK für Vnešnetorgovaja Arbitražnaja Komissija; vgl. dazu Pozdnjakov, VT 1982, Nr. 7, S. 37 f.

387) VVS SSSR 1987 Nr. 50 st. 806, S. 895.

internationaler wirtschaftlicher und wissenschaftlich-technischer Beziehungen[388].

Die praktische Bedeutung dieser Änderung liegt vor allem darin, daß jetzt eine Zuständigkeit für mögliche Streitfälle zwischen sowjetischen Organisationen und Gemeinschaftsunternehmen, die auf sowjetischem Territorium gegründet worden sind, gegeben ist[389].

Die Zuständigkeit des Schiedsgerichts kann auf drei Arten begründet werden:

- durch schriftliche Vereinbarung,
- durch Klageerhebung und eine Handlung des Beklagten, die zum Ausdruck bringt, daß er die Zuständigkeit des Schiedsgerichts anerkennt und
- durch internationale Abkommen[390].

Bei Patentlizenzverträgen ist zu beachten, daß für eine Reihe von Rechtsfragen die Zuständigkeit eines Schiedsgerichts nicht vereinbart werden kann, weil diese Fragen der Gerichtsbarkeit staatlicher Organe unterstellt sind. Nach Pozdnjakov gehören in der Sowjetunion - im Hinblick auf Streitigkeiten i.V.m. Lizenzverträgen - folgende Probleme zu diesem Kreis: Streitigkeiten über Einräumung und Aufhebung des rechtlichen Schutzes von Erfindungen und gewerblichen Mustern, über die Urheberschaft bei diesen

388) § 1 der neuen Satzung, ebenda, S. 896.

389) Boguslavskij, RIW 1988, S. 161 f. (166).

390) § 2 der neuen Satzung, vgl. Fußn. 375.

Schutzgegenständen und über das Vorbenutzungsrecht bei patentgeschützten Erfindungen[391].

Eine andere, bei den sowjetischen Außenhandelsorganisationen weitverbreitete Klausel sieht die Zuständigkeit eines Schiedsgerichts im Land des Beklagten vor.

Weiter finden sich Klauseln der Zuständigkeitsvereinbarung für ein Schiedsgericht im Land des Klägers oder auch in Drittländern[392].

2. Zuständigkeit eines Gelegenheitsschiedsgerichts

Bei der Vereinbarung der Zuständigkeit eines Gelegenheitsschiedsgerichts wird als Ort der Prozeßführung in der sowjetischen Praxis in der Regel Stockholm, seltener Zürich gewählt[393].

Als Beispiel sei eine in der sowjetischen Vertragspraxis übliche Klausel wiedergegeben[394]:

---

391) Pozdnjakov, 1986, S. 129 unter Berufung auf Kabatov in Pozdnjakov, MSP 1982, S. 2 f. (18). Vgl. auch Svetlanov, in: Boguslavskij, 1985, S. 266 f., mit Wiedergabe einer kritischen Stellungnahme. Zur parallel gelagerten Problematik bei den Rechtswahlklauseln s.u., II.

392) Pozdnjakov, 1986, S. 140.

393) Svetlanov, in: Boguslavskij, 1985, S. 266; näher zu Schiedsgerichtsverfahren in Stockholm Komarov, VT 1986 Nr. 11, S. 51 f.

394) Nach Pozdnjakov, 1986, S. 140 f.

- Alle Streitfälle oder Meinungsverschiedenheiten, die aus dem Vertrag oder in Verbindung mit ihm entstehen können, werden, außer bei der Zuständigkeit gewöhnlicher Gerichte, zur Entscheidung an ein Schiedsgericht übergeben, das in Stockholm (Schweden) stattfinden muß.
- Die Partei, die einen Streit an ein Schiedsgericht übergeben will, muß die andere Partei darüber mit eingeschriebenem Brief unterrichten, unter Angabe von Vornamen, Namen und Adresse des von ihr gewählten Schiedsrichters und auch des Streitgegenstandes, des Datums und der Nummer des Vertrags.
- Die andere Partei muß innerhalb von 30 Tagen ab Empfang dieses Briefes einen zweiten Schiedsrichter wählen und die erste Partei davon mit eingeschriebenem Brief benachrichtigen, unter Angabe des Vornamens, Namens und der Adresse des von ihr gewählten Schiedsrichters.
- Wenn die Partei, die die Benachrichtigung über die Übergabe des Streitfalles zur Entscheidung an ein Schiedsgericht erhalten hat, im angegebenen Zeitraum keinen zweiten Schiedsrichter wählt, so wird er auf Bitte der anderen Partei vom Vorsitzenden der Handelskammer von Stockholm ernannt, wobei diese Ernennung nicht später als 30 Tage ab dem Eingang des Antrags der interessierten Partei in der Kammer stattfinden muß.
- Beide Schiedsrichter müssen innerhalb von 30 Tagen nach der Wahl (Ernennung) des zweiten Schiedsrichters einen Oberschiedsrichter wählen. Wenn sich die Schiedsrichter nicht über die Kandidatur eines Oberschiedsrichters einigen können, wird er auf Bitte einer der Parteien vom Vorsitzenden der Handelskammer von Stockholm ernannt.

- Die Entscheidung des Schiedsgerichts muß vor Ablauf von sechs Monaten ab dem Datum der Wahl (Ernennung) des Oberschiedsrichters erfolgen. Die Entscheidung ergeht auf der Grundlage der Vertragsbedingungen und der Rechtsnormen, die aufgrund des Kollisionsrechts des Sitzortes des Schiedsgerichts anwendbar sind. Die Entscheidung wird durch Stimmenmehrheit gefällt. Sie muß begründet werden.
- Die Entscheidung des Schiedsgerichts ist endgültig und bindend für die Parteien.

Pozdnjakov stellt noch fest, daß auch eine Einigung über die anwendbaren Verfahrensregeln wichtig sei, wobei sich ein Verweis auf entsprechende UNO-Musterregelungen anbiete (z.B. die UNCITRAL-Schiedsordnung)[395].

Für eine Reihe weiterer, eventuell in der Vertragsklausel fehlender Regelungen, können sich aus dem europäischen Übereinkommen über die internationale Handelsschiedsgerichtsbarkeit vom 21.4.1961 Lösungen ergeben, an das die Sowjetunion seit dem 7.1.1964 gebunden ist[396].

395) Pozdnjakov, 1986, S. 141 f.

396) Ebenda, mit Überblick über weitere internationale Abkommen, an die die Sowjetunion gebunden ist. Vgl. auch Waehler, in: Pfaff 1973, S. 451 f. Zu Fragen der Vollstreckung ebenda, S. 483 f.; Hintz, RIW 1986, S. 506 f. (516); Stumpf, RIW 1987, S. 821 f. (822 f.).

II. Rechtswahlklausel, Fragen des sowjetischen internationalen Privatrechts[397]

In der sowjetischen Praxis der Lizenzverträge sind Rechtswahlklauseln sehr selten. Nur in einzelnen Verträgen wird direkt die Anwendbarkeit des materiellen Rechts eines Landes vereinbart[398]. Beim Fehlen einer solchen Klausel wird das anwendbare Recht durch das Kollisionsrecht des Orts des Schiedsgerichts ermittelt[399], bei Zuständigkeit des Moskauer Schiedsgerichts also durch sowjetisches internationales Privatrecht.

Die wichtigsten Quellen des internationalen Privatrechts in der Sowjetunion sind internationale Abkommen und die innerstaatliche Gesetzgebung, wobei erstere nach Art. 129 Grundlagen der Zivilgesetzgebung, Art. 569 GK RSFSR bei Abweichung von letzterer Vorrang haben. Ein einheitliches Gesetz gibt es nicht[400].

---

397) Neueste Entwicklungen: Boguslavskij, RIW 1988, S. 161 f. Allgemein dazu: Sadikov, 1984; Boguslavskij, 1982; Pfaff, IIC 1977, S. 123 f. (138 f.); ders., AWD 1974, S. 241 f. (253 f.); Waehler, in: Pfaff, 1973, S. 474 f.; Pfaff, in: Gewerblicher Rechtsschutz, S. 477 f. (488 f.); Gorodisskij, S. 113 f.; Lunc, 1970; Ramzajcev, SIM 1970, Vyp. 23, S. 3 f.

398) Boguslavskij, SGiP 1968, Nr. 5, S. 53 f. (61); Gorodisskij, S. 116.

399) Ebenda, S. 116 f., Svetlanov, in: Boguslavskij, 1985, S. 268.

400) Boguslavskij, RIW 1988, S. 161 f. (163).

Die Qualifikation der Rechtsverhältnisse erfolgt nach der rechtsvergleichenden Methode[401]. Bei einer Verweisung in ein anderes Recht geht das Moskauer Schiedsgericht davon aus, daß nur auf das materielle ausländische Recht verwiesen wird, so daß kein Rückverweis möglich ist[402].

Die Anwendung ausländischen Rechts ist nach Art. 128 Grundlagen der Zivilgesetzgebung, Art. 568 GK RSFSR durch den sowjetischen ordre public beschränkt. Diese Vorschrift hatte aber bisher in der Spruchpraxis des Moskauer Schiedsgerichts keine praktische Bedeutung[403].

Für eine Reihe wichtiger Fragen ist die Anknüpfung gesetzlich geregelt, z.B.:

- zur Zivilrechtsfähigkeit ausländischer natürlicher Personen und ausländischer Unternehmen und Organisationen in Art. 122 und 124 Grundlagen der Zivilgesetzgebung und Art. 563^1 und 564 GK RSFSR[404],
- zur Form und Geltungsdauer der Vollmacht in Art. 126^1 Grundlagen der Zivilgesetzgebung, Art. 566^1 GK RSFSR,
- zur Form und Unterschriftsordnung bei Außenhandelsgeschäften in Art. 125 Abs. 2 Grundlagen der

401) Vgl. z.B. Lunc, in: Sadikov, 1984, S. 63 f. (66); Pfaff, IIC 1977, S. 123 f. (138).

402) Lunc, a.a.O., S. 67 f., mit Angabe anderer Meinungen.

403) Ebenda, S. 72.

404) Die hochgestellte Zahl entspricht der sowjetischen Zitierweise, Art. 563^1 folgt auf Art. 563.

Zivilgesetzgebung, Art. 565 Abs. 2 GK RSFSR,

- zum anwendbaren Recht auf schuldrechtliche Beziehungen bei Außenhandelsgeschäften in Art. 126 Grundlagen der Zivilgesetzgebung, Art. 566 GK RSFSR.

Zu den Außenhandelsgeschäften gehören auch die Lizenzverträge. Nach der sowjetischen gesetzlichen Regelung für Außenhandelsgeschäfte können die Parteien das Vertragsstatut frei vereinbaren. Bei Lizenzverträgen, die auf Schutzrechten beruhen, ist diese Wahlfreiheit aber durch die Geltung des Territorialitätsprinzips beeinträchtigt. Es beinhaltet, daß Fragen, die z.B. die Erlangung eines Schutzrechts und seine Dauer betreffen, nach der Gesetzgebung des Landes beurteilt werden, in dem das Schutzrecht erworben wurde. Diese Problemlage (Verhältnis der freien Wahl des Vertragsstatuts zum Territorialitätsprinzip) kann noch durch ein drittes Element ergänzt werden: das Verbot der Spaltung des Vertragsstatuts, womit z.B. gemeint ist, daß die Rechte von Käufer und Verkäufer beim Kaufvertrag nach demselben anwendbaren Recht bestimmt werden[405]. Der darin enthaltene Gedanke kann bei der besonderen Konstellation des Lizenzvertrags in zweierlei Hinsicht Bedeutung gewinnen: zum einen bei der Frage nach dem anwendbaren Recht bei einem mehrere Länder umfassenden Geltungsbereich des Lizenzvertrags, zum anderen beim Verhältnis Wahlfreiheit für Vertragsstatut - Territorialitätsprinzip. Für den letzten Fall stellte Boguslavskij zunächst fest, daß beim territorialen Charakter der

405) Zum Spaltungsverbot kurz Boguslavskij, in: Genkin, 1961, S. 481; Lunc, 1963, S. 148; Waehler, in: Pfaff, 1973, S. 471.

Rechte an einer Erfindung bezüglich Lizenzfragen wesentliche Ausnahmen zu machen seien[406]. Gorodisskij spricht sich dafür aus, daß das Territorialitätsprinzip für Fragen gelten solle, die unmittelbar die Vergabe und die Gültigkeit der Patente beträfen, während für die Rechte aus dem Patent oder die Rechte, deren Gegenstand das Patent sei, das Recht des Staats des engsten Zusammenhangs angewendet werden könne[407]. Damit gibt er auch eine Orientierung für die Frage des anwendbaren Rechts bei internationalem Geltungsbereich der Lizenz und knüpft an eine Feststellung von Boguslavskij an[408], nach der die Parteien sowjetischer Außenhandelsgeschäfte immer das Recht gewählt hätten, mit dem der Vertrag "in gewissem Zusammenhang" gestanden habe.

Die Abgrenzung des Territorialitätsprinzips entspricht der von Pozdnjakov zitierten zur Frage der Zuständigkeit der nationalen Behörden und Gerichte gegenüber den Schiedsgerichten[409] und wird auch an anderer Stelle übernommen[410]. Hier scheint sich eine herrschende Meinung herauszubilden.

Keine Fälle einer Spaltung des Vertragsstatuts sind umfangreiche Vertragswerke in der sowjetischen Praxis, die sich aus Einzelverträgen zusammensetzen. Ein Beispiel aus der Praxis von Licenzintorg wird

---

406) Boguslavskij, 1962, S. 17.

407) Gorodisskij, S. 122 f.

408) In: Genkin, 1961, S. 481.

409) S.o., 3. Abschn., O, I, 2.

410) Von Kamenova, S. 115, die von einer "objektiven Spaltung" des Statuts spricht.

genannt, in dem das Statut für eine Liefervertragskomponente durch die ALB/RGW festgelegt worden sei, während für die Lizenzvertragskomponente ein Statut von den Parteien durch Vereinbarung bestimmt worden sei[411].

Bei der Vereinbarung des anwendbaren Rechts wird in der sowjetischen Literatur dazu das Recht des Lizenzgebers vorgeschlagen[412]. Hinweise aus der Lizenzvertragspraxis der RGW-Länder deuten an, daß dieser Vorschlag beherzigt wird. So habe man sich bei einer Mehrzahl von Lizenznehmern auf das Recht des Lizenzgebers geeinigt. Bei einer Mehrzahl von Lizenzgebern werde zunächst versucht, zwischen ihnen eine Einigung über eines ihrer nationalen Rechte herbeizuführen. Erst beim Scheitern einer solchen Einigung werde auf das Recht eines dritten Staates zurückgegriffen[413].

Für den Fall, daß kein anwendbares Recht durch die Parteien bestimmt worden ist, sieht die sowjetische gesetzliche Regelung die Anknüpfung an den Ort des Vertragsschlusses vor. In Art. 126 Abs. 4 Grundlagen der Zivilgesetzgebung, Art. 566 Abs. 4 GK RSFSR wird festgelegt, wie dieser Ort zu ermitteln ist. Das Moskauer Schiedsgericht erkennt dabei auch Klauseln an, die als Vertragsort einen anderen als

411) Kamenova, S. 116.

412) Boguslavskij, SGiP 1968, Nr. 5, S. 53 f. (61).

413) Kamenova, S. 133.

den des faktischen Vertragsschlusses festlegen. Sie werden nach sowjetischem Recht als Willenserklärung der Parteien ausgelegt, daß das nationale Recht des vereinbarten Ortes Anwendung finden soll[414].

414) Vgl. z.B. Muchamedšin, V.I. 1986, Nr. 5, S. 55 f. (57).

Zusammenfassung

Für Lizenzverträge besteht im sowjetischen Recht keine gesetzliche Regelung. Eine gerichtliche oder schiedsgerichtliche Praxis fehlt ebenfalls.

Für die sowjetische Binnenwirtschaft existieren eine Regelung und eine Praxis von Übergabeverträgen für wissenschaftlich-technische Errungenschaften. Diese Verträge dienen der Verbreitung dieses Wissens in der Sowjetunion. Von der sowjetischen Rechtswissenschaft werden sie aber von den Lizenzverträgen abgegrenzt. Aus dem innersowjetischen Bereich können nach der allgemeinen Meinung in der Sowjetunion keine Erkenntnisse für die Rechtslage des Lizenzvertrags im sowjetischen Recht gewonnen werden.

Bisher wurden die Lizenzverträge fast nur unter dem Oberbegriff Außenhandelsverträge behandelt. Durch die gegenwärtige rechtspolitische Entwicklung werden aber Voraussetzungen für eine wachsende Bedeutung von Lizenzverträgen mit rein sowjetischer Beteiligung geschaffen.

Die Diskussion der Rechtsnatur der Lizenzverträge wird unter starker Beachtung der westlichen Forschung geführt. Nach allgemeiner sowjetischer Meinung ist der Lizenzvertrag ein Vertrag sui generis. Die Risikoverteilung zwischen Lizenzgeber und Lizenznehmer ist im sowjetischen Recht unklar. Die Literatur nimmt nur zu einigen Einzelproblemen Stellung. Vorwiegend werden in der sowjetischen Praxis übliche Vertragsklauseln referiert, ohne auf die Rechtslage Bezug zu nehmen.

Die weitere Entwicklung wird die sowjetische Literatur zu einer verstärkten und vertieften Auseinandersetzung mit lizenzvertraglichen Problemen drängen.

Anhang: Zum Entwurf des Gesetzes der Union der Sowjetischen Sozialistischen Republiken über die Erfindertätigkeit in der UdSSR, veröffentlicht am 27.12.1988 in der Pravda[1]

Die rechtspolitische Entwicklung, die in der jüngsten Reformdiskussion eine Tendenz hin zur Einführung von Lizenzbeziehungen in der sowjetischen Binnenwirtschaft erkennen ließ, hat sich in diesem Entwurf, soweit es um neue ideologische und rechtliche Grundstrukturen geht, in bislang ungewohnter Klarheit manifestiert.

Der Entwurf enthält auf mehreren Ebenen Neuregelungen, die das ideologische und rechtliche Fundament des Lizenzvertrags im sowjetischen Recht grundlegend verändern. Gleichzeitig muß aber auch gesagt werden, daß sich an der bestehenden Rechtsunsicherheit bei Lizenzverträgen im sowjetischen Recht kaum etwas geändert hat.

Die grundlegenden Neuregelungen stehen in einem inneren Zusammenhang und lassen eine stringente Umformung der binnenwirtschaftlichen Regelung des Technologietransfers, ausgehend von einem neuen ideologischen Grundprinzip, erkennen.

Dieses neue Prinzip ergibt sich aus der Feststellung in Art.29 des Entwurfs, wonach zu den wirtschaftlichen Grundlagen der Nutzung einer Erfindung in der Volkswirtschaft die Anerkennung des Patents an der Erfindung und der aus ihr fließenden Rechte als Ware gehört. Damit

1) Vgl.auch VVS SSSR 1988, Nr.52, st. 758.

wird die oben dargelegte These aufgegeben, nach der das Wissen wegen seines unmittelbar gesellschaftlichen Charakters im sozialistischen Rechtssystem aneignungsunfähig sei[2]. Diese Position hat sich in der sowjetischen Praxis bereits mehrfach als kaum haltbar erwiesen[3], ohne daß sich die herrschende Meinung in der Sowjetunion veranlaßt gesehen hätte, dem auch auf ideologischer Ebene Rechnung zu tragen. Auf internationaler Ebene, im Verkehr mit anderen RGW-Staaten,hat man dieser "reinen Lehre" schon früher abgeschworen, was sich beispielsweise aus den RGW-Musterlizenzverträgen ableiten läßt. Daß sich dieser Vorgang nun für den Bereich der sowjetischen Binnenwirtschaft wiederholen würde, deutete sich in einer Neuregelung von 1987 an, wonach Unternehmen, die auf der Grundlage wirtschaftlicher Rechnungsführung arbeiten, gegen Entgelt wissenschaftlich-technische Produkte unter Vereinbarung von Geheimhaltungspflichten übergeben dürfen[4].

Im unmittelbaren Zusammenhang damit ist die zweite grundlegende Neuregelung des Entwurfs zu sehen: die Abschaffung des Urheberscheins und die Festlegung des Patents als alleinige Schutzform für eine Erfindung (in Art.8 des Entwurfs). War die Daseinsberechtigung des Urheberscheins in seiner nach der Erfinderverordnung von 1973 gültigen Form schon problembehaftet[5], so bestand nach der Anerkennung des Warencharakters von Wissen keine vernünftige Basis mehr für eine Weitergeltung des Urheberscheins.

---

2) S.o., 1. Abschn., C.

3) Vgl. z.B. 2. Abschn., D, IV.

4) S.o., 2. Abschn., D, VI.

5) Vgl. z.B. 2. Abschn., A, II, 5, b.

Nachdem damit auch die prinzipiellen, ideologischen Bedenken gegen eine private Aneignung von Wissen überwunden waren, hat sich die Möglichkeit eröffnet, den Kreis der Patentinhaber zu erweitern. Die entsprechenden Veränderungen lassen das allgemeine wirtschaftspolitsche Ziel erkennen, die Verantwortlichkeit der Unternehmen und die Initiative Privater zu stärken. Wegen seiner Bedeutung für den Lizenzvertrag im sowjetischen Recht - der Kreis der möglichen Vertragsparteien wird erweitert - sei Art. 12 des Entwurfs zitiert:

Art.12 Der Patentinhaber

1. Das Patent auf eine Erfindung wird erteilt:

dem Urheber der Erfindung;

der natürlichen oder juristischen Person(unter der Voraussetzung ihres Einverständnisses), die vom Urheber der Erfindung als Patentinhaber in der Anmeldung für den Erhalt des Patents oder in einem Antrag beim Staatskomitee für Erfindungen und Entdeckungen zu jeder Zeit bis zur Eintragung der Erfindung ins staatliche Register der Erfindungen der UdSSR genannt wird;

dem Rechtsnachfolger des Urhebers der Erfindung entsprechend der Gesetzgebung über die Erbfolge;

dem Staatlichen Patentfonds der UdSSR, wenn das ausschließliche Nutzungsrecht der Erfindung in der festgelegten Ordnung durch den Urheber oder den Patentinhaber auf den Staat übertragen wird.

2. Das Patent auf eine Erfindung wird dem Urheber und dem Unternehmen (der gesellschaftlichen Organisation) gemeinsam erteilt, wenn die Erfindung vom Urheber während seiner Arbeit im Unternehmen (in der gesellschaftlichen Organisation) gemacht wurde und die Tätigkeit des Urhebers entsprechend der ihm übertragenen Aufgabe, wie es aus der Dokumentation des Unternehmens (der gesellschaftlichen Organisation) folgt, auf die Lösung gerade des technischen Problems gerichtet war, dessen Bearbeitung durch die Erfindung erfolgte.

3. Das Patent auf eine Erfindung wird dem Unternehmen (der gesellschaftlichen Organisation) erteilt, wenn zwischen dem Urheber und dem Unternehmen (der gesellschaftlichen Organisation) ein entsprechender Vertrag geschlossen worden ist.
Durch den Vertrag werden, zusammen mit der Abtretung des Rechts auf Erhalt des Patents, die Pflichten des Unter-

nehmens (der gesellschaftlichen Organisation) zur Schaffung von Material-, Produktions- und sozialen Bedingungen festgelegt, die notwendig sind für eine effektive schöpferische Tätigkeit des Urhebers, und zur Zahlung einer Prämie für die Nutzung der genannten Erfindungen.

Die dritte grundlegende Neuregelung des Entwurfs besteht in der Anerkennung des Lizenzvertrags als allgemeine Grundlage der Nutzung von Erfindungen in der sowjetischen Binnenwirtschaft. Folgend werden die für mögliche westliche Vertragspartner zentralen Regelungen wiedergegeben:

Art.30 Die Nutzung der Erfindungen
1. Als Nutzung der Erfindung wird angesehen die Herstellung, die Anwendung, die Einfuhr, das Angebot zum Verkauf und die sonstige Einführung des Produkts in den Wirtschaftsverkehr, das hergestellt wurde auf der Grundlage einer patentierten Erfindung. Ebenso die Anwendung eines patentgeschützten Verfahrens.

2. Niemand darf eine Erfindung, auf die ein Patent erteilt wurde, ohne Einverständnis des Patentinhabers nutzen. Der Patentinhaber soll die durch das Patent gewährten Rechte nur nutzen, ohne den Interessen des Staates und der Gesellschaft zu schaden.

Wenn die Erfindung geheim ist, kann das Recht des Patentinhabers zu ihrer Nutzung in der festgelegten Ordnung in dem Maße beschränkt werden, wie es für die Sicherung der Geheimhaltung notwendig ist.

3. Die gegenseitigen Beziehungen bei der Nutzung einer Erfindung, bei der nach Art.7 und 12 dieses Gesetzes mehreren Personen ein Patent gehört, darunter auch die Verteilung der Prämien oder der Gewinne (Einnahmen), werden durch einen Vertrag zwischen ihnen bestimmt .Bei Fehlen eines Vertrags ist jeder zur Nutzung der Erfindung nach eigenem Ermessen berechtigt, mit Ausnahme der Gewährung einer vollen oder ausschließlichen Lizenz und auch der Abtretung des Patents.

4. Die Nutzung einer Erfindung, auf die ein Patent auf den Namen des Staatlichen Patentfonds der UdSSR erteilt wurde,erfolgt durch die Bürger der UdSSR und die sowjetischen Unternehmen (gesellschaftlichen Organisationen) ohne besondere Erlaubnis.

5. Die Übertragung des Nutzungsrechts an einer Erfindung, für die in der UdSSR ein Patent erhalten wurde und das einem Bürger der UdSSR, einem sowjetischen Unternehmen (einer gesellschaftlichen Organisation) oder dem Staatlichen Patentfonds der UdSSR gehört, an ausländische natürliche oder juristische Personen, erfolgt nach der Regelung, die durch den Ministerrat der UdSSR bestimmt wird.

Art.31 Der Lizenzvertrag

1. Nach dem Lizenzvertrag verpflichtet sich der Patentinhaber (der Lizenzgeber) das Nutzungsrecht der Erfindung in der Form einer vollen, ausschließlichen oder einfachen Lizenz auf eine andere Person (den Lizenznehmer) zu übertragen, und die andere Person (der Lizenznehmer) übernimmt die Pflichten, die gegebene Erfindung zu nutzen und an den Lizenzgeber die im Vertrag vereinbarten Zahlungen zu leisten. Quelle der genannten Zahlungen ist ein Fonds zur Entwicklung der Produktion, Wissenschaft und Technik oder ein anderer Fonds mit gleichartiger Bestimmung, wenn als Lizenznehmer ein staatliches Unternehmen auftritt.
Durch den Lizenzvertrag kann die Verpflichtung des Lizenzgebers zur Erfüllung von Arbeiten und zur Leistung von Diensten vorgesehen werden, die mit der Nutzung der Erfindung durch den Lizenznehmer im Zusammenhang stehen, wozu das "Know-How"gehört.
Bei der Anwendung einer Erfindung in einem Projekt zur Durchführung von Bau-, Montage-,Einrichtungs- und anderen Arbeiten ist die Organisation Lizenznehmer, die den wirtschaftlichen Effekt aus der Nutzung der Erfindung erhält. Die Erfindung wird in das Projekt in Abstimmung mit dem Lizenznehmer aufgenommen.
Wird eine Erfindung in einer wissenschaftlich-technischen Produktion genutzt , die von der Patentinhaber-Organisation durchgeführt wird, so wird durch Vertrag mit dem Besteller das Recht zur Nutzung der Erfindung auf Lizenzgrundlage übertragen.

2. Auf den Lizenznehmer gehen bei der vollen Lizenz für die Dauer des Vertrags alle Vermögensrechte über, die aus dem Patent fließen; bei der ausschließlichen Lizenz das ausschließliche Nutzungsrecht an der Erfindung in den vertraglich festgelegten Grenzen, wobei der Lizenzgeber das Nutzungsrecht an der Erfindung bis zu dem Teil behält, der nicht auf den Lizenznehmer übertragen wurde; bei der einfachen Lizenz das Nutzungsrecht an der Erfindung für eigene Herstellung in den vertraglich vereinbarten Grenzen.

Art.32 Die offene Lizenz
Der Patentinhaber kann beim Staatskomitee für Erfindungen und Entdeckungen für die amtliche Veröffentlichung eine Erklärung einreichen über die Gewährung eines Nutzungsrechts an der Erfindung für jede beliebige Person (offene Lizenz). In diesem Fall ermäßigt sich die Gebühr für die Aufrechterhaltung des Patents ab dem Tag der Veröffentlichung dieses Antrags auf fünfzig Prozent.
Die Person, die den Wunsch geäußert hat, die genannte Erfindung zu nutzen, ist verpflichtet, mit dem Patentinhaber einen Vertrag über die Zahlungen zu schließen.

Art.33 Die Pflicht- und die Zwangslizenz. Der Zwangsaufkauf eines Patents
1. Bei der Weigerung eines Patentinhabers oder eines Inhabers einer vollen oder ausschließlichen Lizenz, einen Vertrag über die Gewährung einer einfachen Lizenz zur Nutzung einer Erfindung mit einem Unternehmen zu schließen, für das der Vertragsschluß für die Erfüllung einer staatlichen Bestellung notwendig ist, kann das Staatskomitee der UdSSR für Wissenschaft und Technik die Entscheidung treffen, dem genannten Unternehmen eine Pflichtlizenz zu gewähren unter Festlegung der Nutzungsgrenzen für die Erfindung, des Umfangs, der Frist und der Ordnung der Zahlungen.

2. Wenn die Nutzung einer Erfindung auf dem Gebiet der UdSSR nicht in gehöriger Weise im Lauf von vier Jahren ab dem Tag der Erfindungsanmeldung oder im Lauf von drei Jahren ab dem Tag der Patenterteilung erfolgt, dann kann bei Ablauf der späteren der beiden Fristen eine Person, die die Erfindung nutzen möchte, bei Unmöglichkeit eines Lizenzvertragsschlusses mit dem Patentinhaber, vor Gericht die Gewährung einer Zwangslizenz mit Festlegung der Nutzungsgrenzen für die Erfindung, des Umfangs, der Frist und der Ordnung der Zahlungen verlangen.

3. Für den Fall, daß die Erfindung besonders wichtig für den Staat ist und es nicht gelingt, mit dem Patentinhaber einen Vertrag über die Abtretung des Patents oder die Vergabe einer Lizenz zu erreichen, kann auf Beschluß des Ministerrats der UdSSR das Patent auf die Erfindung zwangsweise aufgekauft werden, bei gleichzeitiger Zahlung einer Entschädigung in Geld an den Patentinhaber.

Art.34 Die Lizenz für die Nutzung einer abhängigen Erfindung
Wenn ein Patentinhaber deshalb eine Erfindung nicht nutzen kann, weil in dieser eine andere Erfindung genutzt wird, die für eine andere Person patentiert worden ist,

ist er berechtigt von letzterer die Gewährung einer einfachen Lizenz für diese Erfindung zu verlangen.

Art.62 Die Rechte von Gemeinschaftsunternehmen, internationalen Vereinigungen und Organisationen
1. Die Bestimmungen des vorliegenden Gesetzes werden angewendet auf die Beziehungen der Gemeinschaftsunternehmen, der internationalen Vereinigungen und der Organisationen, die auf dem Gebiet der UdSSR mit Beteiligung sowjetischer Unternehmen und ausländischer Unternehmen, Organisationen und Firmen gegründet worden sind.

2. Gegenüber Gemeinschaftsunternehmen, internationalen Vereinigungen und Organisationen wird die Regelung der Vergabe von Pflichtlizenzen, wie sie in Punkt 1 von Art.33 des vorliegenden Gesetzes vorgesehen ist, nicht angewendet.

3. Die Patentierung von Erfindungen im Ausland , die in Gemeinschaftsunternehmen, internationalen Vereinigungen und Organisationen gemacht worden sind, erfolgt, ebenso wie die Organisation der Erfindertätigkeit in den genannten Unternehmen, Vereinigungen und Organisationen, in Entsprechung mit ihren Gründungsdokumenten.

In Art.56 des Entwurfs ist eine besondere Zuständigkeit für Patentgerichte geregelt, von der auch die Fragen des Abschlusses und der Erfüllung von Lizenzverträgen erfaßt werden.

Besonders hinzuweisen ist auf die beiden Einschränkungen des Geltungsbereichs des Entwurfs in Art.30 Punkt 5 und Art.62 Punkt 2.
Bei den Regelungen zur Ausgestaltung der Lizenz gibt es eine Reihe offener Fragen. Dazu einige Beispiele: Bei der sogenannten offenen Lizenz ist unklar, ob sie widerrufbar und wie die Preisgestaltung geregelt ist. Über die näheren Voraussetzungen von Art.33 des Entwurfs kann nur spekuliert werden. Unterlizenzverträge sind überhaupt nicht erwähnt, hier dürfte also die vertragliche Regelung entscheidend sein, auf die im Entwurf auch bei der Frage des rechtlichen Gehalts ausschließlicher Lizenzen verwiesen wird.

Durch diesen Gesetzesentwurf wird also das Umfeld des Lizenzvertrags grundlegend verändert. Er gewinnt entscheidend an Bedeutung. Bei den einzelnen Rechtsfragen bleibt es jedoch bei der dargelegten, sehr unsicheren Rechtslage.

Stichwortverzeichnis

Abfüllverträge 151
Absichtserklärung, Absichtsvereinbarung 123
Absolutes Recht 10f,16,112f
Akademie der Wissenschaften der UdSSR 47f
Aneignungsunfähigkeit von Wissen 4,59
Anlagenkauf 3,94,149,161
Auftragsforschung 55
Ausschlußrecht 4f,8,11,27,32,34f,63,67,69
Außenhandel 94f
Außenhandelsfirma 98
Außenhandelsgeschäft 4,73f,97,125,189f
Außenhandelsorganisation 5,28,34,95f,103f,108,124f,148
Außenhandelssubjekte 97
Aussperrung 138

Besteuerung von Lizenzeinnahmen 163f

Entdeckung 23
Erfinderrecht 2,23f
Erfüllung 129

Formerfordernis 125f

Garantie 185f
Geheimhaltung 123f,164
Gemeinschaftsunternehmen 20,28,34,99f,184
Genehmigungserfordernis 52,125f
Gerichtsurteile 13,21
Gesetzgebung
- allgemeine, spezielle 74
Gesetzgebungssystematik 74
Gewerbliche Muster 2,19,37f,54
Gewohnheitsrecht 13
Gläubigerverzug 135
Goldklausel 163
Gosplan 47

Haftung 130f
Handelsbräuche 14 f
Handelspraxis 120
Handels- und Industriekammer der UdSSR 14,21,48,52,54,183

Inländergleichbehandlungsgrundsatz 24
Internationales Privatrecht 188f

Kausalität 135
Kennziffern 157
Klageberechtigung 105,115,174
Kommissionsverhältnis 108
Kompensation bei Zahlung 162
Kooperationsvertrag 3,20,53,86
Know-how-Vertrag 59f,71,87,110,123f,126,146,157,161,164f

letter of intent 123
Licenzintorg 97,105f,145,159,161
Lizenzgeber 102f

Lizenznehmer 103f
Lizenz
- ausschließlich 93,114f,148,163f
- einfache 93,114f,148,163f
- gemischte Lizenzen 94
- komplexe 93
- kostenlose 5
- Patent- 93
- Unter- 114f,126,152f
- volle 92f,114,148
- Zwangs- 181
Lizenzähnliche Verträge 18f,69
Lizenzvertrag
- Abnahmepflicht 150
- Garantien 155f,170
- Gegenstand 109f
- in der Praxis 148f
- internationaler 6
- Kontrahierungszwang 66,69
- Rechtsnatur 8,9,16,116f
- Registrierung 75,126,174
- unentgeltlicher 80f,85f,90f
- Vertragsmuster 85f
Lückenfüllung 77,88f

Madrider Abkommen 54
Marxismus-Leninismus 8f
Materielle Stimulierung 56,61
Mustervertrag 15,56

Nichtangriffsklausel 171

Pariser Verbandsübereinkunft 24
Patent 24f
Patent Cooperation Treaty 52
Patentamt 43
Patentierung 50f
Patentpaß 51,54
Patentreinheit 53,76,117,168,171f
Patentverletzungsklage 177
Poisk 44,53
Preisbildung 84,91,159f
Produktionsaufnahme 164
Produktionskräfte 9f

Rahmenvertrag 123
Rationalisierungsvorschlag 23,64,111
Rechnungslegung 161
Rechtsprechung 13f
Rechtsquellen 12f
Rechtsvergleichung 7
Rechtswahlklausel 188
Rechtswissenschaft 14
Reformdiskussion 65f
Relatives Recht 10f,16,112f,114f
Royalties 160

Schaden 132
- abstrakter 133
- Beweislast 134
- direkter, indirekter 132
- positiver 132
Schiedsgerichte 55,119,134,137f,182f
Schiedsgerichtsklausel 21,90,182f
Schiedsgerichtssprüche

13,21f,134,137f
Schuldnerverzug 135
Sofioter Beschlüsse 78f,82
Sojuspatent 53
Staatskomitee für Wissenschaft und Technik 44,55,107
Streik 138

Technische Dokumentation 153f
Technische Hilfe 153,155
Territorialitätsprinzip 190f

Unmöglichkeit 136f
Unwirksamkeitsgründe 127f
Urheberrecht 3f,154,181
Urheberschein 24f
Übergabeprotokoll 153
Übergabevertrag 3,18,21f,41,58f

Verbandspriorität 24,32
Vergleich 21
Verschulden 131
Vertragsauslegung 119
Vertragsklauseln 121f
Vertragsmuster 15,85f,124,165
Vertragsparteien 94f
Vertragsschluß 125
Vertragsstatut 188f
Vertragsstrafe 142
Vnestechnika 97
Vorverhandlungen 106
Vorvertrag 122f

Warencharakter von Wissen 12,80f
Warenzeichen 2,19f,38f,54,85,180f
Werbung 179
Wirtschaftliche Rechnungsführung 68,70,99
Wissen
- Aneignungsunfähigkeit 4,59
- Eigenschaften 9
- Erzeugung, Verbreitung 40f
- Warencharakter 12,80f
- Wert 12
- unentgeltliche Weitergabe 79f

Zahlung 159f
Zivilrecht 16

www.ingramcontent.com/pod-product-compliance
Lightning Source LLC
LaVergne TN
LVHW081333011026
849161LV00013BB/2912